महान वैज्ञानिक

महान वैज्ञानिक

गुणाकर मुळे

राजकमल प्रकाशन

ISBN : 978-81-7178-791-3

मूल्य : ₹395

संस्करण : 1972
पुनर्मुद्रित : 1981, 1992, 1995, 1996, 1997, 1999,
2005, 2008, 2009, 2010, 2011, 2019
संशोधित एवं परिवर्द्धित संस्करण : 2022

प्रकाशक : राजकमल प्रकाशन प्रा. लि.
1-बी, नेताजी सुभाष मार्ग, दरियागंज
नई दिल्ली-110 002

शाखाएँ : अशोक राजपथ, साइंस कॉलेज के सामने, पटना-800 006
पहली मंजिल, दरबारी बिल्डिंग, महात्मा गांधी मार्ग, प्रयागराज-211 001
36 ए, शेक्सपियर सरणी, कोलकाता-700 017
वेबसाइट : www.rajkamalprakashan.com
ई-मेल : info@rajkamalprakashan.com

मुद्रक : बी.के. ऑफसेट
नवीन शाहदरा, दिल्ली-110 032

MAHAN VAIGYANIK
by Gunakar Muley

क्रम

आर्किमीदिज़

[287-212 ई.पू.]

ईसा से लगभग तीन सौ वर्ष पहले की बात है। (भूमध्य सागर के साइराक्यूज़ नगर) सिसली द्वीप के निवासी एक दिन चकित होकर देखते हैं कि एक नंग-धड़ंग मनुष्य 'यूरेका! यूरेका!!', 'मिल गया! मिल गया!!'—चिल्लाता हुआ बीच बाजार से दौड़ा चला जा रहा है। लोगों ने समझा, कोई पागल होगा, किंतु जब उन्हें मालूम हुआ कि यह तो आर्किमीदिज़ है तो उनके आश्चर्य का ठिकाना न रहा।

आर्किमीदिज़ के क्षणिक पागलपन की यह घटना संसार के इतिहास में अनोखी है। इस घटना से यही सिद्ध होता है कि इस प्राचीन वैज्ञानिक का दिमाग जब किसी समस्या को हल करने में लग जाता था तो उसे तन-बदन की भी सुध नहीं रहती थी।

साइराक्यूज़ के राजा हिरो ने सुनार को एक मुकुट बनाने के लिए कुछ सोना दिया था। जब मुकुट तैयार होकर आया, तो हिरो के मन में संदेह पैदा हुआ कि कहीं सुनार ने सोने में मिलावट तो नहीं कर दी है? आर्किमीदिज़ हिरो का मित्र

था। आर्किमीदिज़ को ही इस मिलावट का पता लगाने का काम सौंपा गया। बहुत दिनों तक वह इस बारे में सोचता रहा, फिर भी कोई उपाय नहीं सूझा। एक दिन की बात। आर्किमीदिज़ नहाने के लिए नगर के सार्वजनिक स्नानागार में गया। पर यह क्या? उसके पानी में उतरते ही किनारों पर से कुछ पानी उछल गया। कारण एकदम उसकी समझ में आ गया, उसे अपनी समस्या का हल मिल गया। खुशी में पागल-सा हो वह बिना कपड़े पहने ही एकदम नगर की सड़क पर यह चिल्लाता हुआ दौड़ पड़ा, 'मैंने पा लिया! मैंने पा लिया!'

आर्किमीदिज़ को हिरो के मुकुट का हल मिल गया था। उसने मुकुट के वजन का सोना लिया और ठीक उतने ही वजन की चांदी ली। फिर एक-एक करके उसने चांदी, सोना और मुकुट को एक पानी-भरे बर्तन में डुबोया और हरेक के द्वारा बाहर गिरे हुए पानी को अलग-अलग तोला। उसने देखा कि मुकुट द्वारा बाहर गिरा हुआ पानी सोने द्वारा बाहर गिरे हुए पानी से अधिक था, परंतु चांदी द्वारा बाहर गिरे हुए पानी से कम था। इस तरह उसने पता लगा लिया कि मुकुट न शुद्ध सोने का बना है और न शुद्ध चांदी का, बल्कि दोनों की मिलावट से बना हुआ है।

आर्किमीदिज़ के इस प्रयोग से हिरो के मुकुट की समस्या तो हल हो ही गई, संसार को भी एक महत्त्वपूर्ण सिद्धांत मिल गया। आर्किमीदिज़ का सिद्धांत हमें बतलाता है कि जब कोई ठोस वस्तु पानी में डाली जाती है तो पानी ऊपर उठता है और वह वस्तु हल्की हो जाती है। इन दोनों बातों में समानता यही है कि वस्तु का भार ठीक उतना ही कम होता है, जितना कि पानी ऊपर उठता है। तरल पदार्थों की यह उछाल वस्तु के फैलाव पर निर्भर होती है। संक्षेप में, आर्किमीदिज़ का सिद्धांत हमें बतलाता है—तरल या गैसीय पदार्थ में डाली हुई कोई भी वस्तु ठीक उतनी ही मात्रा में हल्की होती है जितना कि उस वस्तु के फैलाव द्वारा उछलते हुए पदार्थ का भार होता है।

आर्किमीदिज़ का जन्म इटली के दक्षिण में बसे द्वीप सिसली के साइराक्यूज़ नगर में ईसा से 287 वर्ष पहले हुआ। उसके पिता फिदियस यूनान के रहनेवाले थे और खगोल विद्या के पंडित थे।

आर्किमीदिज़ ने मिस्र देश के सिकंदरिया नगर में शिक्षा पाई और युवावस्था तक वहीं रहे। इसके बाद वह अपने जन्मस्थान साइराक्यूज़ लौट आए। साइराक्यूज़ के तत्कालीन राजा हिरो और आर्किमीदिज़ में गहरी मित्रता थी। अपने गुरुपितामह यूक्लिड (आर्किमीदिज़ कोनोन के शिष्य थे और कोनोन यूक्लिड के) की तरह आर्किमीदिज़ भी अपना पूरा समय शुद्ध गणित की खोज में लगाना चाहते थे। विज्ञान के उपयोगी पक्ष में उनकी कोई दिलचस्पी नहीं थी। परंतु अपने मित्र और राजा हिरो के आग्रह और आदेश से उन्हें कई बार विज्ञान के उपयोगी क्षेत्र में उतरना पड़ा।

गणित के क्षेत्र में आर्किमीदिज़ की सबसे महत्त्वपूर्ण खोज थी—वर्तुल की परिधि और उसके व्यास का अनुपात; अर्थात् $\pi = \frac{\text{परिधि}}{\text{व्यास}}$ क मान।

गणित के इतिहास में आर्किमीदिज़ ही प्रथम व्यक्ति था जिस्ने इस अनुपात का मान काफी हद तक सही निकाला था। उसने वर्तुलाकार और गोलाकार वस्तुओं का घनफल निकालने के सही तरीके खोज निकाले।

आर्किमीदिज़ की यह प्रबल इच्छा थी कि भविष्य में वह केवल एक गणितज्ञ या दार्शनिक के रूप में ही जाना जाए। किंतु परिस्थितियों ने उसे लगभग चालीस ऐसी खोजों का आविष्कर्ता बना दिया, जिनमें से कई का युद्धों में भी उपयोग हो सकता था।

साइराक्यूज़ को रोमन सेना ने घेर लिया। हिरो ने आर्किमीदिज़ से अनुरोध किया कि वह नगर की रक्षा का उपाय खोज निकाले। रोम के जहाजी बेड़े ने साइराक्यूज़ को घेर लिया था। इस बेड़े का सेनापति मार्सेलिस था।

"इस जहाजी बेड़े का खात्मा कर सकता हूं," आर्किमीदिज़ ने कहा।

"वह कैसे?" हिरो ने पूछा।

"जलते शीशों द्वारा!"

हिरो कुछ नहीं बोला। उसने समझा कि शायद बहुत अधिक दिमागी काम करने और चिंतन-मनन के कारण आर्किमीदिज़ का दिमाग खराब हो गया।

लेकिन आर्किमीदिज़ ने अपनी बात को कर दिखाया। शत्रु-सेना जब साइराक्यूज़ के निकट आई, तो उसने कान्केव-शीशों को उसकी ओर घुमाया। कान्केव-शीशों द्वारा सूर्य के प्रकाश को एक बिंदु पर केंद्रित किया जा सकता है।

लेकिन आर्किमीदिज़-संबंधी इस कथा में बहुत ही कम तथ्य जान पड़ता है।

आर्किमीदिज़ के बारे में एक बात मशहूर है : 'यदि पृथ्वी के बाहर मुझे केवल बैठने-भर को जगह मिले, तो मैं पृथ्वी को भी सरका सकता हूं।' प्लूटार्क ने अपनी 'मार्सेलिस की जीवनी' में इस संबंध में लिखा है : "आर्किमीदिज़ ने कहा था—'थोड़ी-सी शक्ति से बड़े-बड़े वजनों को सरकाया जा सकता है।' उसका यहां तक दावा था कि पृथ्वी के बाहर यदि कोई दूसरी पृथ्वी है तो वहां से वह इस पृथ्वी को सरका सकता है।"

हिरो को आर्किमीदिज़ की इस बात पर ताज्जुब हुआ। उसने आर्किमीदिज़ से कहा कि अपने इस कथन को वह प्रयोग द्वारा सिद्ध करे और किसी बड़े वजन को छोटे-से यंत्र द्वारा सरकाकर दिखाए।

राजा के पास एक बड़ी नौका थी। यह बहुत भारी थी और इसे सरकाना एक मुश्किल काम था। उसमें बहुत-से लोगों को बिठाया गया और बहुत-सा सामान भी लाद दिया गया। तब आर्किमीदिज़ थोड़ी दूर पूली को लेकर बैठा, जिसमें से पतली

रस्सियां जहाज के साथ बंधी हुई थीं। आर्किमीदिज़ ने इन रस्सियों को एक निश्चित कोण पर खींचकर जहाज को बाहर निकाला। राजा को इस पर बहुत आश्चर्य हुआ। उसने आर्किमीदिज़ से इसी तरह के और भी यंत्र बनाने को कहा। बाद में ये सब यंत्र साइराक्यूज़ पर आक्रमण करनेवाले शत्रुओं से लड़ने में काम आए।

आर्किमीदिज़ की मृत्यु की घटना बहुत ही दिल दहलानेवाली है। मार्सेलिस ने जब साइराक्यूज़ पर विजय पाई तो आर्किमीदिज़ को देखने की उसकी बड़ी इच्छा हुई। जिस आदमी की विलक्षण बुद्धि के कारण उसे साइराक्यूज़ का तीन वर्ष तक घेरा डाले पड़ा रहना पड़ा, उसका वह सम्मान करना चाहता था। आर्किमीदिज़ को बुला लाने के लिए उसने एक सैनिक को भेजा। सैनिक जब आर्किमीदिज़ के पास पहुंचा तो उसने देखा कि वह बालू पर ज्यामिति-संबंधी कुछ आकृतियां बनाने में जुटा हुआ है।

"सेनापति ने तुम्हें बुलाया है!" सैनिक ने फौजी हुक्म सुनाया।

"कौन सेनापति? कैसा हुक्म?" अपनी धुन में मस्त हो आर्किमीदिज़ ने बिना सिर ऊपर उठाए शायद कह दिया हो : "चले जाओ, इस समय मैं गणित का प्रश्न हल कर रहा हूं!"

मार्सेलिस लिखता है कि आर्किमीदिज़ की मृत्यु से उसे बहुत दुःख हुआ। आर्किमीदिज़ उस समय बालू पर खींची अपनी किसी ज्यामितीय आकृति की समस्या में मग्न था। उसे इस बात का पता नहीं था कि साइराक्यूज़ का पतन हो चुका है। कुछ लोगों का यह भी कहना है कि जब सैनिक आर्किमीदिज़ के पास आया तो उसने उसे थोड़ी देर ठहरने के लिए कहा ताकि वह अपनी समस्या हल कर ले, किंतु सैनिक ने इंतजार न करके उसको मौत के घाट उतार दिया। लेकिन यह निश्चित है कि आर्किमीदिज़ की मृत्यु से मार्सेलिस को अपार दुःख हुआ। उसने उस हत्यारे सैनिक को सज़ा दी और आर्किमीदिज़ के संबंधियों और मित्रों को खोज कर उन्हें धन-दौलत देकर सम्मानित किया।

प्लूटार्क आगे लिखता है : "आर्किमीदिज़ ने अपने संबंधियों और मित्रों से इच्छा प्रकट की थी कि उसकी मृत्यु के बाद उसके स्मारक पर सिलेंडर में एक गोल खुदवा दिया जाए, क्योंकि वह सिलेंडर और गोल के घनफल के इस अनुपात को अपनी एक महान् खोज समझता था।

आर्किमीदिज़ की और एक महान् खोज थी—वृत्त के व्यास और परिधि का अनुपात, अर्थात् $\frac{\text{परिधि}}{\text{व्यास}}$ जिसे हम ग्रीक अक्षर π द्वारा प्रकट करते हैं। आर्किमीदिज़ ने गणनाओं द्वारा इस अनुपात को 3.1408 और 3.1429 के बीच सिद्ध किया। प्राचीन काल में उपलब्ध अनुपातों में यह अनुपात सबसे अधिक शुद्ध था। π का शुद्ध मान है—3.1416।

प्रसिद्ध दार्शनिक-गणितज्ञ ह्वाइटहैड लिखते हैं : "आर्किमीदिज़, जो एक महान् गणितज्ञ के साथ-साथ एक महान् भौतिकशास्त्री भी था, को न्यूटन की श्रेणी में रखा जाना चाहिए, यद्यपि न्यूटन आर्किमीदिज़ के दो हज़ार वर्ष बाद पैदा हुआ था। आर्किमीदिज़ गणितीय भौतिकशास्त्र का संस्थापक था। जिस दिन आर्किमीदिज़ ने उस प्रसिद्ध जल-स्थिति-विज्ञान के सिद्धांत का पता लगाया और वह 'यूरेका! यूरेका!!' कहता सड़क पर दौड़ पड़ा, उस दिन को हमें गणितीय भौतिकीशास्त्र का जन्मदिवस मानना चाहिए। और साथ ही यह भी मानना चाहिए कि न्यूटन जब अपने बगीचे में सेब के पेड़ के नीचे बैठे, तब यह विज्ञान अपने यौवन पर पहुंच चुका था, अर्थात् उसने काफी तरक्की कर ली थी।

आज साइराक्यूज़ नगर नहीं रहा, परंतु आर्किमीदिज़ के सिद्धांतों और उसकी खोजों की नींव पर आज के यंत्र-विज्ञान की यह आलीशान इमारत खड़ी है। आर्किमीदिज़ के जीवन का एकमात्र लक्ष्य था—विज्ञान की साधना! लेकिन इस महान् जीवन-साधक का कैसा दुखद अंत हुआ! विज्ञान के इतिहास में ऐसी कोई दूसरी मिसाल नहीं मिलती जहां किसी वैज्ञानिक का सिर सिर्फ इसलिए काट दिया गया हो क्योंकि वह विज्ञान की साधना में जुटा हुआ था—बालू पर ज्यामिति-संबंधी आकृतियां बना रहा था!

कोपर्निकस

[सन् 1473-1543]

टॉलमी (दूसरी शताब्दी ई.) की मान्यता थी कि पृथ्वी विश्व के केंद्र में है और स्थिर है। चंद्र, सूर्य और उस समय तक ज्ञात सभी ग्रह इसी पृथ्वी की परिक्रमा करते हैं। इन सबके पीछे का तारक-मंडल भी पृथ्वी की ही परिक्रमा करता है। 'पृथ्वी और इस पर का निवास जगत् का आधार है'—धर्म और विश्व से संबंधित सभी प्राचीन विचार यही भाव रखते थे। गिरजे के अनुसार : "पृथ्वी विश्व का केंद्र है और मनुष्य सृष्टि का सरताज।" सभी खगोलीय ज्योतियां मनुष्य की सेवा करने और पृथ्वी को प्रकाश और गरमी देने के लिए बनाई गई हैं। जैसे मनुष्य ईश्वर की सेवा करने के लिए बनाया गया है, उसी प्रकार विश्व भी मनुष्य की सेवा करने के लिए बनाया गया है। इसीलिए मनुष्य को ब्रह्मांड के केंद्र में रखा गया है।

पुराने ज़माने का मनुष्य अपने जिस छोटे-से दायरे में रहता था, उसके मतानुसार ऊपर लिखी हुई बातें, विचार और मान्यताएं स्वाभाविक ही थीं। लेकिन इस दुनिया में समय-समय पर कुछ ऐसे भी महान् पुरुष पैदा होते रहे हैं जिन्होंने

'स्वाभाविक' को स्वीकार नहीं किया। कोपर्निकस भी ऐसे महान् व्यक्तियों में से एक था। वह पहला आदमी था जिसने टॉलमी और धर्म की पृथ्वी को सारे ब्रह्मांड का केंद्र माननेवाली मान्यताओं पर जबर्दस्त चोट की। खगोलीय-पिंडों की गतियों पर विचार करते-करते कोपर्निकस इस सीधे-से प्रश्न पर सोचने लगा कि क्या यह आश्चर्य की बात नहीं है कि हजारों तारे, सूरज और चंद्रमा तथा ग्रह हमारी पृथ्वी की ही परिक्रमा करें? इसके विपरीत क्या यह अनुमान करना सही नहीं होगा कि पृथ्वी स्वयं लट्टू की तरह अपनी धुरी पर घूमती रहती है और इसी कारण समूचा नभमंडल हमें अपने चारों ओर घूमता जान पड़ता है? आज हम जानते हैं कि कोपर्निकस की बात, उसके संदेह और उसके अनुमान सही थे। इन्हीं संदेहों ने टॉलमी के जटिल और गलत सिद्धांतों को उखाड़ फेंका, जो पिछले लगभग डेढ़ हजार वर्षों से स्वीकार किए जाते रहे थे और जिन्हें सब लोग सच मानते चले आ रहे थे।

कोपर्निकस का बचपन का नाम था—'कोपर्निक', जिसका अर्थ होता है—विनम्र। और यही शब्द कोपर्निकस के समूचे जीवन का प्रतिबिंब है। पोलैंड देश के थोर्न नामक गांव में, जो विस्तुला नदी के किनारे पर बसा हुआ है, 19 फरवरी, 1473 को कोपर्निकस का जन्म हुआ था। पिता, निकोलस कोपर्निक, गांव के एक सम्माननीय व्यापारी थे। परंतु बालक कोपर्निकस जब केवल दस वर्ष का ही था तो पिता की मृत्यु हो गई और कोपर्निकस के लालन-पालन का भार उसके मामा लुकस् वाक्झेनरोड पर आ पड़ा। लुकस् वाक्झेनरोड न केवल एक प्रतिभाशाली विद्वान् थे बल्कि वह एक ईसाई पादरी भी थे।

बालक कोपर्निकस की शुरू की पढ़ाई-लिखाई थोर्न के स्कूल में हुई। कहा जाता है कि वोड्का नामक एक स्कूल-शिक्षक की सहायता से इसी उम्र में कोपर्निकस ने एक सूर्य-घड़ी बनाई थी। अठारह वर्ष की उम्र में कोपर्निकस ने थोर्न छोड़ दिया और क्राकौ (पोलैंड की राजधानी) के विश्वविद्यालय में भर्ती हो गए। क्राकौ शहर उस समय अपनी धन-दौलत और संस्कृति के लिए यूरोप-भर में मशहूर था। उस समय क्राकौ के प्रसिद्ध व्यक्तियों में एलबर्ट ब्रुड्झेवस्की नामक एक ज्योतिष-गणितज्ञ थे। ब्रुड्झेवस्की के प्रभाव में आकर कोपर्निकस की रुचि ज्योतिष और गणित की ओर और भी बढ़ गई।

क्राकौ विश्वविद्यालय में शिक्षा समाप्त कर लेने के बाद कोपर्निकस ने अपने मामा से इटली जाकर पढ़ने की अनुमति मांगी। मामा ने अनुमति दे दी। परंतु इटली जाने से पहले उसने कुछ समय चित्रकला सीखने में लगाया ताकि वह इटली से लौटते समय वहां की सुंदरता को रंगों में उतारकर ला सके।

इस प्रकार अपनी पुस्तकों और ब्रुश-कूचियों को लेकर कोपर्निकस इटली गया। तीन साल तक वह वहां पर औषधिशास्त्र, कला और अपने प्रिय विषय

ज्योतिषशास्त्र का अध्ययन करता रहा। यहां पर उसने न केवल भौगोलिक सौंदर्य को ही रंगों में उतारा, बल्कि खगोलीय सौंदर्य को भी चित्रित किया। तीन वर्ष के अध्ययन के बाद, पाडुआ विश्वविद्यालय से कोपर्निकस ने औषधिशास्त्र और दर्शनशास्त्र में सम्मानित उपाधि प्राप्त की।

लेकिन उपाधि के बाद कोपर्निकस ने न तो औषधिशास्त्र को अपना पेशा बनाया और न ही दर्शनशास्त्र को। इसके विपरीत, सन् 1499 में रोम विश्वविद्यालय में, खगोलशास्त्र के प्राध्यापक के रूप में, नौकरी कर ली। चार वर्ष तक कोपर्निकस इस विश्वविद्यालय में पढ़ाता रहा। इसी बीच धीरे-धीरे टॉलमी के सिद्धांत के प्रति उसका विश्वास जाता रहा और खगोलीय-पिंडों की गति के बारे में एक नया सिद्धांत धीरे-धीरे कोपर्निकस के दिमाग में घर करता गया। इसी बीच उसे पता चला कि दो हजार वर्ष पहले प्रसिद्ध यूनानी दार्शनिक पाइथागोरस ने कहा था : "ब्रह्मांड का केंद्र पृथ्वी नहीं है, बल्कि सूर्य है।" अरस्तू ने पाइथागोरस की मान्यताओं का मजाक उड़ाया था। लेकिन कोपर्निकस ने देखा कि पाइथागोरस की मान्यताओं को फिर से स्वीकार किया जाना चाहिए। परंतु इन मान्यताओं को सही सिद्ध करना और उन्हें स्थायी तौर पर स्वीकार करवाना जीवन-भर का काम था। एकांत में बैठकर और आराम के साथ काम करने की जरूरत थी। कोपर्निकस ने रोम विश्वविद्यालय छोड़ दिया और पोलैंड के फ्राउएनबर्ग गांव में वह ईसाई धर्म का प्रचारक बन गया।

फ्राउएनबर्ग के इस धर्म-प्रचारक का सारा समय केवल ज्योतिष के अध्ययन में ही नहीं जाता था, वह अपाहिजों और दुखियों की तन-मन-धन से सेवा भी करता था। वैद्यकी में ही उसका नाम इतना फैल गया कि दूर-दूर से लोग अपना इलाज कराने के लिए उसके पास आने लगे।

न केवल उनके स्वास्थ्य का, बल्कि और भी कई तरह से कोपर्निकस लोगों की सुख-सुविधा का खयाल रखता रहा। फ्राउएनबर्ग एक पहाड़ी पर बसा हुआ था। उस गांव में रहनेवालों को पानी की बहुत दिक्कत होती थी। उन्हें दो मील की दूरी से नदी का पानी लाना पड़ता था। कोपर्निकस ने 'पानी को ग्रामवासियों के पास आने के लिए बाध्य किया।' उसने नदी पर एक बांध बांधा और इस प्रकार इकट्ठे किए गए पानी को पवन-चक्की की सहायता से ऊपर उठाया। यादगार के तौर पर उस गांव के रहनेवालों ने पवन-चक्की के पास एक पत्थर पर इस महामानव का नाम खुदवा दिया।

कोपर्निकस नाम कृपा, दया, सूझ-बूझ और बुद्धिमानी का प्रतीक बन गया। जब कभी किसी नई योजना की बात उठती थी, कोपर्निकस की राय जरूर ली जाती थी। पोलिश सरकार के अनुरोध पर उसने एक नई मुद्रा-प्रणाली की योजना पेश की। गिरजे के अनुरोध पर उसने एक नया कैलेंडर बनाया। क्लेवियस लिखता

है : "वर्ष का ठीक-ठीक मान निकालनेवाला पहला व्यक्ति कोपर्निकस था।" वास्तव में कोपर्निकस के वर्षमान में और सही वर्षमान में केवल 26 सेकेंड का अंतर था।

लेकिन जहां तक एक तरफ अपने त्याग और सेवा के कारण कोपर्निकस इतना मशहूर हुआ, वहां दूसरी ओर कुछ ऐसे भी लोग थे जो कोपर्निकस से जलने लग गए थे। इन लोगों में 'ट्यूटोनिक ऑर्डर' के लोग प्रमुख थे। ये लोग धर्म का चोगा पहने एक प्रकार के लुटेरे थे और जनता को अंधाधुंध लूटते थे। जब कोपर्निकस ने इनका विरोध किया तो उन लोगों ने उलटे उसी को चोर करार दिया और उसके खिलाफ एक पैम्फलेट छपवाया, जिसमें उसे चोर बताया था। लेकिन उनकी इन बातों पर कौन विश्वास करता? कोपर्निकस के विरुद्ध एक दूसरा जाल रचा गया। उन्होंने सुन रखा था कि कोपर्निकस टॉलमी के सिद्धांत की नए रूप में जांच-पड़ताल कर रहा है, और उसकी सच्चाई जानने के लिए उसकी परीक्षा कर रहा है।

इन लोगों ने कुछ मसखरों को तैयार करके गांव में भेजा। ये मसखरे लोगों को इकट्ठा करते और पृथ्वी और सूर्य को दिखाकर कहते : "कोई भी मूर्ख देख सकता है कि पृथ्वी स्थिर है और सूर्य घूमता है, फिर भी वह पागल पादरी कहता है कि सूर्य स्थिर है और पृथ्वी ही घूमती है।"

बात सचमुच ही बड़ी अजीब थी। पढ़े-लिखे लोग भी कहते : "कोपर्निकस, मूर्ख न बनो। टॉलमी ने इस बारे में सब-कुछ बता दिया है। क्या तुम अपने को टॉलमी से भी अधिक बुद्धिमान समझते हो? कैसी बेवकूफी की बात है! यदि पृथ्वी चारों ओर घूमती होती तो निश्चय ही हम लोगों को पता चलता। हम लोगों के नीचे यह हिलती और यदि हम लोग कूदते तो पृथ्वी आगे बढ़ जाती जिससे हम किसी दूसरे स्थान पर गिरते।" लोग कहते : "यह पागल कोपर्निकस न केवल टॉलमी के विरुद्ध जा रहा है, बल्कि साधारण सूझबूझ और विवेक का भी दुश्मन है जो उसकी समझ में यह मामूली-सी बात भी नहीं आ रही है!"

परंतु कोपर्निकस इस प्रकार के तानों, मजाक और व्यंग्य-बाणों से डरकर अपने रास्ते से हटा नहीं। वह अपनी बात पर अड़ा रहा। उस समय तक दूरबीन का आविष्कार नहीं हुआ था। कोपर्निकस ने गणित का सहारा लिया और युवावस्था से लगातार तीस वर्ष तक अपनी मान्यताओं को पूरी तरह सिद्ध करने और उन्हें पूरी तरह सही करने की कोशिश करता रहा। धीरे-धीरे उसको विश्वास होता गया कि इस विशाल विश्व में मनुष्य का अस्तित्व बहुत ही तुच्छ वस्तु है। हमारी पृथ्वी महज एक धूल के कण के समान है और वह हमेशा लगातार सूर्य की परिक्रमा करती रहती है। रात के बाद रात, कोपर्निकस आकाश का अध्ययन करता गया और अंत में उसने खगोल-पिंडों की गतियों के बारे में एक ऐसा

सिद्धांत खोज निकाला जो आज तक 'कोपर्निकस का सिद्धांत' के नाम से प्रसिद्ध है। इस सिद्धांत के अनुसार :

सूर्य विश्व के केंद्र में है और हमारी पृथ्वी दो गतियों में, लट्टू की तरह इसकी परिक्रमा करती है। लट्टू की तरह पृथ्वी अपनी धुरी पर चक्कर लगाती है और फिर यह धुरी वर्तुलाकार मार्ग में सूर्य का चक्कर लगाती है। इन दो गतियों से रात और दिन का क्रम और ऋतुएं बदलने का कारण समझ में आ जाता है। लेकिन केवल पृथ्वी ही सूर्य की परिक्रमा नहीं करती, दूसरे ग्रह—शुक्र, शनि, मंगल, बृहस्पति, आदि—भी इसी प्रकार सूर्य की परिक्रमा करते हैं। ये सभी ग्रह एक निश्चित कक्षा में ही भ्रमण करते हैं। इस प्रकार ग्रहों की गति एवं स्थिति को न केवल आप समझ ही सकते हैं, बल्कि इनका पूर्व-निर्धारण भी कर सकते हैं।

विज्ञान के क्षेत्र में, खास कर ज्योतिषशास्त्र के क्षेत्र में, कोपर्निकस के सिद्धांत के साथ एक नए युग का आरंभ होता है। कोपर्निकस ने पृथ्वी को 'अनन्य', 'अद्धितीय' से 'विशाल ब्रह्मांड में एक साधारण पिंड' के रूप में बदल दिया। किसी समय कोपर्निकस के बारे में कहा जाता था कि 'इस व्यक्ति ने सूर्य को रोककर पृथ्वी को चला दिया है।' वास्तव में इस कथन में अतिशयोक्ति है। आज हम निश्चित रूप से जानते हैं कि विश्व में हर वस्तु की तरह सूर्य भी स्थिर नहीं है। वह अपने पूरे परिवार के साथ 'अभिजित्' और 'शौरी' नक्षत्रों की ओर प्रति घंटा 70 हजार किलोमीटर की रफ्तार से गतिमान है।

कोपर्निकस ने अपने विचारों को 'आकाशीय गोलकों की परिक्रमाओं के बारे में' नामक पुस्तक में लिखा है। परंतु उसे ठीक लिखने की इतनी चिंता थी कि प्रकाशित कराने से पहले वह अपने विचारों के प्रत्येक पहलू को हर दृष्टिकोण से सोच-समझ लेना चाहता था। कोपर्निकस इस समय 69 वर्ष का हो चुका था, किंतु अब भी पुस्तक को प्रकाशित करने की झिझक उसके मन में थी। अंत में, उसके एक गहरे दोस्त—टिडेमान गाइसीयस—ने सन् 1543 में पुस्तक को प्रकाशित कर ही दिया। लेकिन जब यह पुस्तक प्रकाशित होकर कोपर्निकस के सामने आई तो वह अपनी अंतिम घड़ियां गिन रहा था और कुछ दिनों बाद 24 मई, 1543 को इस महान् आत्मा की मृत्यु हो गई।

कोपर्निकस की नास्तिकता ने धर्म को कमजोर कर दिया। गिरजे ने उसके प्रति कड़ा रुख अख्तियार किया। किसी का मुंह बंद करने, किसी को मौत के घाट उतारने की ताकत अब भी गिरजे के हाथ में थी। ब्रूनो कोपर्निकस के सिद्धांत का समर्थक था। वह कोपर्निकस से भी आगे बढ़ा। उसने कहा था कि ब्रह्मांड अनंत है। दूरवर्ती तारे सूरज की ही तरह दूरवर्ती जगत् हैं। ऐसा नहीं है कि ये खगोलीय-पिंड कभी बदलते ही न हों। वे पैदा होते हैं, विकसित होते हैं और खत्म

भी हो सकते हैं। ब्रूनो ने यह भी कहा था कि ग्रहों की संख्या उस समय ज्ञात 6 ग्रहों (पृथ्वी समेत) से अधिक है।

'परम पवित्र धर्म-न्यायालय' ने ब्रूनो को बंदी बनाकर जेल में डाल दिया। उसे अपने मत को छोड़ देने के लिए कहा गया। परंतु इस महान् चिंतक ने जवाब दिया : "मेरे अंतर की आग को काकेशस पर्वत की चोटियों पर जमी सारी बर्फ भी नहीं बुझा सकती।" अंत में कोपर्निकस के इस अनुयायी को खूंटे से बांधकर जला दिया गया।

फिर भी 'कोपर्निकस की नास्तिकता' अधिकाधिक मान्य होती गई। ब्रूनो के बाद कोपर्निकस के दूसरे महानतम् अनुयायी इटली के महान् भौतिकवेत्ता और खगोलवेत्ता गैलीलियो ने इस 'नास्तिकता' का झंडा संभाला।

गैलीलियो

[सन् 1564-1642]

"क्या तुम अरस्तू के विचारों और उसकी मान्यताओं का विरोध और खंडन करना चाहते हो? तुम अभी केवल एक नवयुवक हो और सोचते हो कि अरस्तू से अधिक जानते हो?" लोग गैलीलियो से कहते। उस समय गैलीलियो पच्चीस वर्ष का था।

अरस्तू ने कहा था कि अगर ऊपर से दस सेर वज़न और एक सेर वजन जमीन पर डाले जाएं तो दस सेर का वजन एक सेर के वजन से दस गुना तेजी से जमीन पर गिरेगा। लगभग 1800 वर्ष तक अरस्तू के इस विश्वास पर किसी ने संदेह नहीं किया था। अरस्तू का कथन पत्थर की लकीर था। अरस्तू का विरोध करना खतरा मोल लेना था। सत्रहवीं सदी में पेरिस की पार्लियामेंट ने अरस्तू का विरोध करनेवाले को देश-निकाले की सज़ा देने की धमकी दी थी और इंग्लैंड के प्रसिद्ध ऑक्सफोर्ड विश्वविद्यालय के अधिकारियों ने अपने प्राध्यापकों को उस यूनानी दार्शनिक के सिद्धांतों का विरोध करने पर सज़ाएं दी थीं।

गैलीलियो ने शांत भाव से कहा : "आइए और देखिए!" वह पीसा नगर की प्रसिद्ध झुकी हुई मीनार पर दो गोले—एक दस सेर का और दूसरा एक सेर का—लेकर चढ़ गया। दोनों गोले उसने एक ही साथ छोड़े। निश्चय ही दोनों एक ही साथ जमीन पर पहुंचे। और अधिक प्रमाण दिया जा सकता है? गैलीलियो बिलकुल सही था। किंतु उसके अध्यापक इससे नाराज हुए। उन्होंने उलटे गैलीलियो पर दोष लगाया कि 'काले जादू' का प्रयोग करके उसने दृष्टिभ्रम पैदा किया है। अरस्तू कभी भी गलती नहीं कर सकता! जो भी हो, इस प्रदर्शन से गैलीलियों को काफी प्रसिद्धि मिली और वह दिखाता रहा कि अरस्तू ने विज्ञान में और भी कई गलतियां की हैं।

इटली देश के पीसा नगर में 18 फरवरी, 1564 ई. को गैलीलियो गैलिली का जन्म हुआ। गैलीलियो के पिता विंसेजो प्रतिष्ठित घराने के थे, किंतु उन दिनों उनकी माली हालत कुछ खराब थी, इसलिए उसे गरीब परिवार में अपना बचपन बिताना पड़ा। पिता संगीत के ज्ञाता थे, किंतु इस विद्या से जीवन-यापन करना आसान नहीं था। अत: विंसेजो ने गैलीलियो को व्यापार में लगाना चाहा। परंतु गैलीलियो की विज्ञान में दिलचस्पी देखकर उसके पिता ने उसे व्यवसाय से अलग कर दिया। चिकित्साशास्त्र के अध्ययन के लिए गैलीलियो पीसा विश्वविद्यालय में भर्ती हुआ। परंतु ज्यामिति पर एक लेक्चर सुनने के बाद ही उसको विश्वास हो गया कि चिकित्साशास्त्र से उसके लिए गणितशास्त्र अधिक दिलचस्प है। कहा जाता है कि एक बार बाहर, दरवाजे से कान लगाकर, गैलीलियो भीतर के गणित-लेक्चर को सुनते हुए विश्वविद्यालय के अधिकारियों द्वारा देखा गया। तब से गैलीलियो का तबादला चिकित्साशास्त्र से विज्ञान और गणित के विषयों में कर दिया गया।

विश्वविद्यालय में पढ़ते समय ही उसने अरस्तू की बातों को बिना तर्क के सत्य मानने से इनकार कर दिया था। गैलीलियो वहां झगड़ालू व्यक्ति के नाम से मशहूर हो गया। उसी समय एक घटना घटी। गैलीलियो की उम्र उस समय 18 वर्ष थी। एक दिन प्रार्थना के लिए वह गिरजे में गया। गिरजे की छत से उसने एक लैंप लटकता देखा। लैंप जलानेवाला उसे हिलता छोड़ गया था। आरंभ में लैंप काफी तेजी से इधर-उधर आता जाता था, किंतु बाद में तेजी कम हुई और साथ ही दूरी का अंतर भी। गैलीलियो ने देखा कि लैंप का वेग अधिक होने पर इधर-से-उधर आने-जाने में जितना समय लगता है, उतना ही समय वेग कम होने और कम दूरी तक उधर-से-इधर आने-जाने में लगता है। परंतु समय की समानता कैसे सिद्ध की जाए? उस समय तक घड़ियों का आविष्कार नहीं हुआ था। गैलीलियो ने लैंप के हिलने का समय जानने के लिए नाड़ी पर हाथ रखकर उसकी धड़कनों को गिना। इसी अवसर पर उसे ऐसे एक यंत्र का खयाल आया जिससे नाड़ी की धड़कन की गति जानी जा सके। भविष्य की लोलक-घड़ियों की शुरुआत यहीं से हुई।

सन् 1585 में, रुपये-पैसे की तंगी के कारण गैलीलियो को पीसा विश्वविद्यालय छोड़ देना पड़ा। उसके माता-पिता अब फ्लोरेंस नगर में रहने लगे थे, अतः वह फ्लोरेंस चला आया। यहां पर गैलीलियो इतना मशहूर हुआ कि उसे अपने पुराने पीसा विश्वविद्यालय ने गणितशास्त्र का प्राध्यापक नियुक्त कर लिया। इस समय गैलीलियो की आयु 25 वर्ष थी। परंतु अपने स्वतंत्र चिंतन, संदेहवादी स्वभाव और कटु आलोचना के कारण शीघ्र ही उसने लोगों से दुश्मनी मोल ले ली। अतः दो वर्ष के भीतर ही गैलीलियो को पीसा छोड़ देना पड़ा। तब पडुआ विश्वविद्यालय में गणित के प्राध्यापक के रूप में उसकी नियुक्ति हुई, जहां वह 18 वर्ष तक पढ़ाता रहा।

पाडुआ में गैलीलियो को हर प्रकार की सुविधा थी। उसका वेतन भी पहले से अधिक था। खानदानी लोगों के साथ उसका उठना-बैठना था। गैलीलियो ने कभी सामाजिक रीति-रिवाजों के अनुसार विवाह नहीं किया। उसका विश्वास था कि एक सफल दार्शनिक या वैज्ञानिक एक सफल पति हो ही नहीं सकता। फिर भी मारीना गांबा नामक एक खानदानी औरत से वह प्यार करता था। उसने मारीना को प्रेमिका के रूप में अपने घर में भी बसा लिया और बाद में उससे तीन बच्चे भी हुए।

हालांकि उसका वेतन बढ़ता रहा, लेकिन उसी अनुपात में उसका घरेलू खर्च भी बढ़ता गया। पीसा के उसके संबंधी उसकी ख्याति सुनकर पैसों की मांग करने लगे। उसका भाई, जो कि नौकरी के लिए पोलैंड जाना चाहता था, गैलीलियो से यात्रा-खर्च पाने की उम्मीद रखता था। उसकी बहन, जो कि एक मूर्ख के चक्कर में फंस गई थी, गैलीलियो से अच्छे दहेज की इच्छा रखती थी। अंत में गैलीलियो को विश्वविद्यालय से दो वर्ष की पेशगी तनख्वाह लेनी पड़ी।

इन सब कठिनाइयों के बावजूद गैलीलियो अपनी वैज्ञानिक खोजों में जुटा रहा। इसी बीच 'निर्वासितों की अकादमी' नामक एक क्लब की उसने स्थापना की। यहां पर इटली के विभिन्न भागों से भागकर आए विद्वानों को स्वतंत्र चिंतन के लिए शरण मिलती थी। इसी क्लब के सदस्यों के सामने गैलीलियो ने अपने कई आविष्कार पेश किए। यहीं पर उसने चुंबक के गुण-धर्म और पृथ्वी की चुंबकीय शक्तियों पर नए दृष्टिकोण से प्रकाश डाला। यहीं पर उसने क्लब के सदस्यों को कंपास थर्मामीटर आदि यंत्रों से परिचित कराया। और अंत में उसने सर्वप्रथम दूरबीन का आविष्कार करके सबको चकित कर दिया।

उसके अपने ही शब्दों में ('सितारों का संदेश' : द मेस्सेज ऑफ द स्टार्स, सन् 1610 ई.) : "कुछ महीनों पहले समाचार मिला कि एक डच निवासी ने एक ऐसा शीशा बनाया है जिससे दूर की चीजें नजदीक दिखाई देती हैं। कुछ दिनों पहले पेरिस से मुझे ज़ैकोब बाडोवर का पत्र मिला था। उसमें भी इसी खोज का जिक्र था। मैं स्वयं भी ऐसे यंत्र के सिद्धांत और निर्माण में जुट गया...मैंने एक नली बनाई और उसके दोनों सिरों पर दो शीशे लगाए—एक कान्केव, दूसरा कान्वेक्स शीशा।

अब मैंने एक सिरे पर आंख रखकर इस नली में से दूर की चीजों को देखा। वे चीजें मुझे तीन गुनी नजदीक और नौ गुनी बड़ी दिखाई दीं। फिर मैंने दूसरी बड़ी दूरबीन बनाई जिसमें से दूर की चीजें लगभग एक हजार गुनी बड़ी और 30 गुनी नजदीक दिखाई देने लगीं..."

यह दुनिया की पहली दूरबीन थी। गैलीलियो ने इसे आकाश की ओर घुमाया। दूरबीन द्वारा आकाश का अध्ययन करनेवाला पहला व्यक्ति गैलीलियो ही था। उसने दूरबीन को चंद्रमा की ओर लगाया। उसने चंद्रमा पर पहाड़ देखे। उस समय तक लोगों का विश्वास था कि चंद्रमा का धरातल चमकीली धातु के गोले की तरह चिकना और चमकदार है। इसके बाद उसने दूरबीन सूर्य की ओर घुमाई। सूर्य के धरातल पर न केवल उसने धब्बे (कलंक) देखे, बल्कि यह भी देखा कि ये धब्बे एक ओर गायब हो जाते हैं और दूसरी ओर फिर निकल आते हैं। इसका एकमात्र कारण यही हो सकता था कि सूर्य भी अपनी धुरी पर घूमता है।

पुराने सिद्धांत इस बात पर जोर देते थे कि विश्व में सूरज और चांद समेत केवल सात ही ग्रह हैं, क्योंकि सात की संख्या पवित्र है। परंतु गैलीलियो ने अपनी 'शैतान की नली' से बृहस्पति के चार चंद्रमाओं को देखा। इस आविष्कार के साथ पुरानी मान्यताओं का खंडन हुआ, जिसके अनुसार केवल पृथ्वी ही केंद्र हो सकती थी, जिसके सारे आकाशीय पिंड परिक्रमा करते हैं।

गैलीलियो के आविष्कार की सनसनीखेज खबर सारे यूरोप में फैल गई। कैथोलिक धर्म-संप्रदाय को भी उसकी वैज्ञानिक खोजों में दिलचस्पी लेनी पड़ी। फ्रांस के सम्राट् हेनरी ने गैलीलियो से अनुरोध किया कि वह एक नए तारे का नामकरण 'हेनरी' करे। पोप ने उसे बुलाकर निवृत्ति-वेतन दिया।

सन् 1632 में उसने 'गैलीलियो गैलिली के संसार का क्रम' नामक पुस्तक प्रकाशित की। उस पुस्तक ने जो कि दूरबीन आविष्कारों के आधार पर लिखी गई थी, सिद्ध कर दिखाया कि कोपर्निकस की बात सही थी। यह पृथ्वी ही है जो विस्तृत कक्षा में चलती हुई सूर्य की परिक्रमा करती है, जिससे वर्ष बनता है। पृथ्वी ही है जो अपनी धुरी पर घूमती है, जिससे दिन-रात का सतत क्रम चलता है। पुस्तक ने सनसनी फैला दी।

गैलीलियो के मित्र ने उसे सावधान भी कर दिया था : "अपने कथनों में अत्यंत सावधानी से काम लो, क्योंकि यदि तुम इस भौतिक जगत् और चंद्र-जगत् में किसी प्रकार की समानता दिखाओगे तो ये धार्मिक लोग कहेंगे कि तुम चंद्रमा पर मानव-निवास को सिद्ध करना चाहते हो और फिर वाद-विवाद आरंभ हो जाएगा कि वे लोग आदम से किस प्रकार पैदा हुए..."

लेकिन गैलीलियो पूरी-पूरी सावधानी और सतर्कता के बावजूद नास्तिक ठहरा दिया गया। उसे रोम की धार्मिक अदालत के सामने पेश होना पड़ा। वहां पर इस

सत्तर साल के वृद्ध को कानूनन अपने ही विचारों को त्यागने के लिए मजबूर होना पड़ा। अपनी इच्छा के विरुद्ध उसे लिख देना पड़ा :

"मैं गैलीलियो गैलिली, फ्लोरेंस के स्व. विंसेजो गैलिली का पुत्र, आयु 70 वर्ष, न्याय के सामने स्वयं खड़ा होकर, धार्मिक अदालत के सम्माननीय सदस्यों के सामने नतमस्तक होकर, अपने धर्म-विरोधी गुनाहों को कबूल करता हूं। धर्म-पुस्तक बाइबल पर हाथ रखकर शपथ खाता हूं कि मैं इस ग्रंथ के प्रत्येक शब्द में आस्था रखता हूं और ईश्वर की दया से भविष्य में भी आस्था बनाए रखूंगा। मैं स्वीकार करता हूं कि मैंने एक ऐसी पुस्तक प्रकाशित कराई है जिसमें मैंने लिखा है कि सूर्य स्थिर है और पृथ्वी उसकी परिक्रमा करती है। मैं अपने इन ग़लत ख़यालों को इस पवित्र न्यायालय के सामने स्वीकार करता हूं। मैं न्यायालय को विश्वास दिलाता हूं कि भविष्य में लिखित या मौखिक रूप में ऐसे खयालों का मैं प्रचार नहीं करूंगा। यदि मैं अपनी शपथ से मुंह मोड़ूं तो (ईश्वर मुझे इससे बचाए) धर्म-न्यायालय द्वारा दिए हुए किसी भी प्रकार के दंड को स्वीकार करूंगा। अतः, हे ईश्वर, मुझे शांति दो! हे पवित्र धर्मग्रंथ! मैं तुम्हें छूता हूं, मैं गैलीलियो गैलिली शपथ खाता हूं, विश्वास दिलाता हूं और अपने पुराने विचारों को वापस लेता हूं—मैं अब स्वीकार करता हूं कि पृथ्वी सूर्य की परिक्रमा नहीं करती..."

[रोम, 22 जून, सन् 1633]

उसके मित्र जब उसे न्यायालय से बाहर ले जाने लगे, तो कहा जाता है कि गैलीलियो ने मंद आवाज में कहा था : "फिर भी पृथ्वी घूमती है।"

ऐसी परिस्थिति में भी गैलीलियो ने यह अंतिम वाक्य कहा होगा, इसमें संदेह है। यह तो भविष्य की जनता ने कहा और उसे मान लिया।

धर्म को केवल इतने से ही संतोष नहीं मिला। इस महान् वैज्ञानिक को आरचेत्री नामक एक छोटे-से शहर में अनिश्चित काल तक के लिए नजरबंद रखा गया। यद्यपि उसे धर्म की ओर से कड़ा आदेश था कि भविष्य में वह वैज्ञानिक अनुसंधानों से अलग रहे, उसने गतिविज्ञान के सिद्धांतों पर एक पुस्तक लिखी। इस पुस्तक में उसने गति-विज्ञान संबंधी अपने अनुसंधानों का संक्षेप में परिचय दिया। छिपकर उसने यह पुस्तक लिखी थी और किसी प्रकार हॉलैंड पहुंचाकर प्रकाशित करा दी।

किंतु गैलीलियो अपनी इस अंतिम पुस्तक को कभी नहीं 'देख' पाया, क्योंकि कारावास में रहते ही उसकी आंखें खराब हो गई थीं और वह अपनी दृष्टि खो बैठा था। किंतु वह अपने अंतिम काल में पुस्तक को छाती से लगा सका। मृत्युशैया पर लेटे-लेटे उसने कहा था : "यह पुस्तक मेरी सर्वोत्तम कृति है, क्योंकि इसको मैंने अपने जीवन की कष्टमय घड़ियों में लिखा है।" 8 जनवरी, 1642 ई. को 77 वर्ष की आयु में इस महान् वैज्ञानिक ने हमेशा-हमेशा के लिए आंखें बंद कर लीं।

आइज़ेक न्यूटन

[सन् 1642-1727]

जिस साल गैलीलियो ने इस संसार से विदा ली, उसी साल (सन् 1642) क्रिस्मस के दिन न्यूटन का जन्म हुआ। दोनों महापुरुष एक लंबी उम्र तक जीवित रहे, फिर भी दोनों के जीवन में कितना बड़ा अंतर था! एक ने जीवन-भर दुःख, कष्ट और अपमान पाया, तो दूसरे ने सम्राट्-सा सम्मान। क्या किया जाए, जग की यही परंपरा है! शहीदों की समाधियों पर ही प्रगति का महल उठता है।

लिंकनशायर (इंग्लैंड) के एक कृषक-परिवार में न्यूटन का जन्म हुआ। जन्म के समय वह इतना कमजोर और दुबला था कि उसके अधिक समय तक जिंदा रहने की कोई आशा नहीं थी। पिता की मृत्यु जन्म के पहले ही हो चुकी थी। कुछ दिनों बाद मां ने भी दूसरी शादी कर ली और बालक न्यूटन अपनी दादी के पास रहने लगा।

स्कूल जाने योग्य उम्र होने पर उसे स्कूल में भर्ती किया गया, किंतु पाठ्य-पुस्तकों में उसका मन नहीं लगता था। कक्षा में उसे सबसे मंदबुद्धि वाला लड़का

समझा जाता था। लेकिन स्वयंचलित यांत्रिक खिलौने बनाने में वह काफी तेज था। इन्हीं दिनों उसने एक ऐसी जल-घड़ी बनाई, जो ठीक-ठीक समय देती थी।

जब न्यूटन 13 वर्ष का था, उसके सौतेले पिता की भी मृत्यु हो गई। मां अपने कृषि-क्षेत्र पर पुनः लौट आई। 'मैं चाहती हूं कि तुम एक अच्छे किसान बनो,' कहते हुए मां ने न्यूटन को पाठशाला से निकाल लिया। परंतु परिवार के व्यक्तियों की समझ में जल्दी ही यह आ गया कि खेती का काम करने की अपेक्षा आइज़ेक का मन यांत्रिक चीजें बनाने में अधिक लगता है। अंत में यही तय हुआ कि आइज़ेक को पुनः स्कूल में भर्ती कर दिया जाए।

इस प्रकार 19 वर्ष की आयु में सन् 1661 में न्यूटन इंग्लैंड के प्रसिद्ध कैंब्रिज विश्वविद्यालय में भर्ती हुआ। हमें ऐसा कोई प्रमाण नहीं मिलता, जिसके आधार पर हम कह सकें कि आरंभ में न्यूटन कुछ असाधारण योग्यता वाला विद्यार्थी था। परंतु कहा जाता है, फलित-ज्योतिष की पोथी पढ़ते समय उसने उसमें एक ज्यामितीय आकृति देखी जिसे वह समझ नहीं सका। तब उसने यूक्लिड की ज्यामिति का व्यवस्थित रूप से अध्ययन आरंभ किया। इस ज्यामिति पर अधिकार प्राप्त कर लेने पर उसने डेकार्ट की अधिक कठिन 'ज्यामिति' का अध्ययन आरंभ किया। अब न्यूटन को गणित और विज्ञान में अधिक रस आने लगा था।

सन् 1665-66 में इंग्लैंड में प्लेग की महामारी फैली। कैंब्रिज विश्वविद्यालय के विद्यार्थियों को घर वापस भेज दिया गया। प्रकृति की शांत गोद में वैज्ञानिक समस्याओं पर सोचने के लिए न्यूटन को काफी समय मिला और उसने बहुत-सी समस्याओं का हल भी ढूंढ़ लिया था। 50 वर्ष बाद उसने अपने इन दिनों के बारे में लिखा है : "सन् 1665 के आरंभिक दिनों में मैंने सन्निकट-श्रेणी (Approximating Series) और द्विपद श्रेणी (Binomial Series) को फिर इस पहली श्रेणी में प्रकट करने के तरीकों का पता लगाया। इस वर्ष मई में मैंने ग्रेगोरी और स्लूसियस की स्पर्शज्याओं (Tangents) का तरीका खोज निकाला। नवंबर में चलन-कलन (Fluxions) की रीति खोज निकाली। दूसरे वर्ष (सन् 1666 में) जनवरी में मैंने 'प्रकाश-रंग सिद्धांत' का पता लगाया और उसी साल मेरे दिमाग में 'गुरुत्वाकर्षण' का खयाल आया—केपलर के ग्रह-गति नियमों के आधार पर मैंने निष्कर्ष निकाला कि वह शक्ति, जो ग्रहों को सतत अपने कक्षा-मार्ग में गतिमान रखती है, व्युत्क्रम में (Reciprocally) प्रथम केंद्र से उनकी दूरी के वर्ग के अनुपात में होनी चाहिए। इस प्रकार मैंने चंद्रमा की अपनी कक्षा में आवश्यक शक्ति की पृथ्वी पर की गुरुत्वाकर्षण शक्ति से तुलना की। ये सभी अनुसंधान मैंने सन् 1665-66 के प्लेग-प्रकोप के दिनों में किए, क्योंकि उस समय मैं तरुण था और गणित और दर्शन के चिंतन में अधिक समय देता था।" इस समय न्यूटन की आयु 24 वर्ष की थी।

कैंब्रिज लौट आने पर सन् 1667 में न्यूटन को ट्रिनिटी कॉलेज का फ़ैलो चुना गया। इसी वर्ष उसे विश्वविद्यालय ने गणित का प्राध्यापक नियुक्त किया। आइज़ेक बारो (1630-77 ई.), जो स्वयं उच्चकोटि के गणितज्ञ थे, ने खास कर न्यूटन के लिए अपने पद से त्यागपत्र दिया। जब न्यूटन का अंतिम रूप से निर्वाचन हुआ, तो अपने को वैज्ञानिक अनुसंधानों में लगाने के लिए उसे भरपूर समय मिला।

अगले 12 वर्षों तक वह कैंब्रिज में शांति से अध्ययन, अध्यापन और अनुसंधान करता रहा, जबकि सन् 1689 में विश्वविद्यालय की ओर से पार्लियामेंट की सदस्यता के लिए उसका चुनाव हुआ। परंतु यह पार्लियामेंट केवल 13 महीनों के लिए ही टिकी रह सकी। अतः दूसरे वर्ष ही न्यूटन पुनः कैंब्रिज लौट आया। परंतु सन् 1696 में उसकी राजकीय टकसाल के प्रधान के रूप में नियुक्ति हो जाने पर वह स्थायी रूप से लंदन में आकर बस गया।

टकसाल के प्रधान के रूप में न्यूटन ने मुद्राशास्त्र में कई नई योजनाओं की खोज की। इंग्लैंड की मुद्रा-व्यवस्था में इससे काफी स्थायित्व आया। उसने प्रचलित मुद्रा-निधि और वस्तुओं की कीमत का सापेक्ष अध्ययन किया और अंत में मुद्रा से संबंधित 'संख्या-सिद्धांत' की स्थापना की। इस सिद्धांत के अनुसार यदि व्यवहार में मुद्रा की संख्या दुगुनी कर दी जाए, तो वस्तुओं की कीमत भी दुगुनी हो जाती है। 'आपके पास देने के लिए कुछ न हो, तो आप कुछ पा भी नहीं सकते'—अर्थशास्त्र के इस सरल सिद्धांत का ही न्यूटन ने उपयोग किया था।

टकसाल का ऑफिस संभालने के बाद न्यूटन का वैज्ञानिक जीवन लगभग समाप्त हो गया था। लेकिन सन् 1703 में उसे रॉयल सोसाइटी का सभापति चुना गया और फिर प्रतिवर्ष, मृत्युपर्यंत, उसे इस पद के लिए चुना जाता रहा। अंत में 20 मार्च, 1727 ई. को उसकी मृत्यु हो गई।

न्यूटन की विज्ञान को सबसे बड़ी देन थी : 'गुरुत्वाकर्षण का सिद्धांत।' सन् 1665 में, प्लेग के कारण हुई छुट्टियों में जब वह घर आया, तो उसी समय उसे इस सिद्धांत की कल्पना सूझी थी। न्यूटन की भतीजी ने प्रसिद्ध फ्रांसीसी दार्शनिक वाल्तेयर को वह कहानी बताई थी जिससे कि न्यूटन के मस्तिष्क में इस सिद्धांत की कल्पना आई थी। एक दिन वह बगीचे में सेब के पेड़ के नीचे बैठा हुआ था। तभी अचानक उसके सिर पर एक सेब आ गिरा। न्यूटन सिर पर हाथ रखकर सोचने लगा : 'सेब नीचे ही क्यों गिरा, ऊपर क्यों नहीं गया? लोग कहते हैं कि यह पृथ्वी की आकर्षण-शक्ति के कारण होता है। यह आकर्षण-शक्ति क्या है? जब पृथ्वी की यह शक्ति सेब पर काम कर सकती है तो दूर चंद्रमा पर प्रभाव क्यों नहीं डाल सकती? कहीं इसी शक्ति के कारण तो चंद्रमा अंतरिक्ष में ऊपर टिका हुआ नहीं है? कहीं यह शक्ति सार्वभौमिक तो नहीं है?' न्यूटन के इन्हीं संदेहों ने गुरुत्वाकर्षण के सिद्धांत को जन्म दिया।

न्यूटन अपने सिद्धांत को गणितीय आधार देने में जुट गया। यदि एक पिंड दूसरे पिंड को आकर्षित करता है तो उसकी गणना में दूरी भी शामिल होगी। अत: वह गणनाओं में जुट गया। उसे पृथ्वी से चंद्रमा की दूरी, पृथ्वी के व्यास की दूरी आदि गणनाएं ज्ञात करनी थीं। प्राप्त आंकड़ों को आधार बनाकर उसने ज्ञात किया कि चंद्रमा को पृथ्वी की परिक्रमा करने में 30 दिन का समय लगना चाहिए, किंतु वास्तव में लगते थे 27 दिन। वह निराश हो गया। दुखी होकर उसने कागजों को अलग रख दिया, जो प्राय: 20 वर्षों तक अछूते पड़े रहे।

बीस वर्षों बाद एक फ्रांसीसी वैज्ञानिक से उसे पता चला कि उसके अनुमानित आंकड़ों में भयंकर त्रुटि थी। वह नए आंकड़ों के आधार पर फिर से गणना में जुट गया और अंत में उसने गुरुत्वाकर्षण के 'सार्वभौम' नियम को खोज ही निकाला; परंतु वह इतना विनम्र था कि उसने अपने इस महान् आविष्कार को उसी समय प्रकाशित नहीं किया। कागज अलग ही रखकर दूसरे कार्य में जुट गया।

न्यूटन की मित्र-मंडली में हैली नामक एक खगोलशास्त्री भी था। जब उसे पता लगा कि न्यूटन ने गुरुत्वाकर्षण पर महान् खोज की है, तो वह उससे मिलने गया।

"क्या आप सचमुच बता सकते हैं कि सूर्य के चारों ओर ग्रह की भ्रमण-कक्षा क्या है?"

"हां।"

"यह आप कैसे जानते हैं?"

"मैंने इसकी गणना की है।"

"आपकी गणनाएं कहां हैं?"

न्यूटन अपने कागजों को खोजने लगा, परंतु वे उसे न मिले। अपने मित्र के लिए उसने पुन: समस्या हल कर दी। हैली चिल्लाया : "यह तो एक अद्भुत खोज है! इतिहास की महानतम् खोजों में से यह एक है। इसे अवश्य प्रकाशित कराना चाहिए!"

ग्रंथ के प्रकाशन के लिए न तो स्वयं न्यूटन के पास पर्याप्त धन था और न रॉयल सोसाइटी के पास। हैली उस समय रॉयल सोसाइटी का सभापति था। अंत में हैली ने स्वयं अपने खर्चे से ग्रंथ को प्रकाशित कराया। सन् 1687 में यह पुस्तक 'प्रिंसिपिया मैथेमेटिका' छपकर तैयार हो गई। क्योंकि उस समय विद्वत् समाज की भाषा लैटिन थी, यह पुस्तक भी उसी भाषा में लिखी गई।

न्यूटन के गतिशास्त्र संबंधी तीन नियमों को स्कूल-कॉलेज का प्रत्येक विद्यार्थी जानता है :

1. प्रत्येक पिंड अपनी स्थिर स्थिति में रहता है या फिर एक सरल रेखा में गतिमान रहता है, बशर्ते कि उसे किन्हीं बाहरी शक्तियों द्वारा बदला न जाए।

2. गति-परिवर्तन (संवेग-परिवर्तन की मात्रा) बाहरी शक्तियों के अनुपात में होती है और पिंड उसी दिशा में गतिमान होता है जिस दिशा में शक्ति लगाई जाती है।
3. प्रत्येक बल-क्रिया के बराबर एक प्रतिबल-क्रिया भी होती है और ये दोनों एक-दूसरे की विपरीत दिशाओं में कार्य करती हैं।

न्यूटन का गुरुत्वाकर्षण सिद्धांत हमको बताता है कि प्रत्येक वस्तु दूसरी वस्तु को आकर्षित करती है—पिंड को पिंड आकर्षित करता है। यह आकर्षण पिंडों की पदार्थ-राशि और उनकी सापेक्ष दूरी के अनुपात में होता है। फार्मूले में हम इस सिद्धांत को इस प्रकार रख सकते हैं :

$$\text{गुरुत्वाकर्षण-शक्ति} = \frac{\text{गुरुत्व स्थिरांक} \times \text{दोनों पिंडों की पदार्थ राशि का गुणनफल}}{\text{पिंडों के बीच की दूरी का वर्ग}}$$

परंतु इस गुरुत्वाकर्षण-सिद्धांत की अजीब हालत है। यद्यपि इसके द्वारा हम ग्रहों की गति-स्थिति निकाल सकते हैं, फिर भी ज्ञात प्राकृतिक नियमों में इसका स्थान आज भी अद्‌भुत है। आज भी हम ठीक-ठीक नहीं जानते कि वह कौन-सी 'सोने की जंजीर' है जिसके कारण दो पिंड इस नियम का अनुसरण करते हैं? हमारे सभी प्राकृतिक नियम किसी-न-किसी रूप में भौतिक पदार्थों के गुण-धर्मों पर आधारित हैं; परंतु इस नियम के लिए आज तक हमें ऐसे किसी 'भौतिक तत्त्व' का पता नहीं चला जो गुरुत्वाकर्षण की पहेली को सरल बना सके। आइंस्टाइन ने सन् 1915 में अपने 'सापेक्षवाद' द्वारा गुरुत्वाकर्षण की नई व्याख्या प्रस्तुत की है। लेकिन तब भी हम यह नहीं कह सकते कि इस दिशा में यह आखिरी प्रयास है।

न्यूटन के प्रकाश-संबंधी प्रयोग भी महत्त्वपूर्ण हैं। उसने सूर्य की किरणों को प्रिज्म से गुजारकर सिद्ध कर दिखाया कि सूर्य का प्रकाश वास्तव में सात रंगों से बना हुआ है। उसने यह भी देखा कि ये विभिन्न रंग की किरणें दूसरे माध्यमों; जैसे पानी, शीशा आदि के अंदर से जाने पर अलग-अलग कोण बनाकर झुकती हैं। इससे दूरदर्शी के प्रतिबिंब की अस्पष्टता उसकी समझ में आ गई। इस वक्रता को दूर करने के लिए न्यूटन ने परावर्तक दूरदर्शी (Reflecting Telescope) की खोज की। कालांतर में इसी प्रकार की विशाल दूरदर्शियों का निर्माण हुआ।

न्यूटन स्वभाव से ही गंभीर था। हल्की बातों में उसने कभी भाग नहीं लिया। उसकी पुस्तक-सूची से पता चलता है कि कला, संगीत, कविता, साहित्य आदि में उसकी कोई रुचि नहीं थी। अपने खान-पान और पहनावे-ओढ़ावे में भी वह लापरवाह था। उसने जीवन-भर शादी नहीं की। हो सकता है कि वैज्ञानिक अनुसंधान में अत्यधिक व्यस्त रहने के कारण मानव-जीवन की दूसरी गतिविधियों में भाग लेने के लिए उसके पास समय ही न बचता हो।

स्वभाव से ही वह दयालु और धार्मिक प्रवृत्ति का था। एक बार उसके पालतू कुत्ते डायमंड ने जलती मोमबत्ती मेज पर गिरा दी। मेज़ पर बहुत-से महत्त्वपूर्ण कागज बिखरे पड़े थे। वे सब जल गए। न्यूटन ठीक उसी समय गिरजे से प्रार्थना करके लौटा था। वह अपने अध्ययन-कक्ष में गया। कागजों का जलना उसके लिए एक बहुत ही दुखदायी घटना थी, क्योंकि वे जले हुए कागज उसके अगणित घंटों की कड़ी मेहनत के फल थे। किंतु इस घटना से भी उसका दयालु हृदय विचलित नहीं हुआ। पादरी विशप बर्नेट ने उसके बारे में कहा है : "उसकी आत्मा, उसके समस्त परिचितों में स्वच्छतम थी।"

प्रसिद्ध अंग्रेज कवि पोप की निम्नलिखित पंक्तियां न्यूटन की समाधि पर अंकित हैं :

'प्रकृति और प्रकृति के सिद्धांत रात्रि के अंधकार से आच्छादित थे।
ईश्वर ने कहा—'न्यूटन का प्रादुर्भाव हो' और सर्वत्र प्रकाश हो गया।'

फ्रांसीसी लेखक वाल्तेयर, जो अपनी वाग्विदग्धता के लिए प्रसिद्ध थे और न्यूटन की शवयात्रा में उपस्थित थे, ने कहा था : "यदि संसार के सभी प्रतिभाशाली व्यक्ति एकत्र किए जाएं, तो न्यूटन इस दल का अग्रगामी होगा।" और एक अंग्रेज नवयुवक कवि ने सन् 1787 में कैंब्रिज में खड़ी न्यूटन की मूर्ति को देखकर कहा था : "यह संगमरमर उस मस्तिष्क का प्रतीक है जो विचारों के अद्भुत सागर में चिरंतन रूप से एकाकी घूमता रहता था।"

परंतु स्वयं न्यूटन ने नम्रता के साथ स्वीकार किया था : "मैं नहीं जानता कि संसार मुझे क्या समझेगा! मैं तो अपने को समुद्र के किनारे खेलते हुए एक ऐसे लड़के के समान मानता हूं, जो जब-तब अपने मनोरंजन के लिए कभी-कभार चिकने पत्थर या सुंदर घोंघे पा लेता है, जबकि सत्य का अथाह सागर मेरे सामने पड़ा हुआ है।"

लेवोशिए

[सन् 1743-1794]

लेवोशिए को आधुनिक रसायनशास्त्र की नींव डालनेवाला माना जाता है। किंतु रसायनशास्त्र में उसका कार्य उसकी बहुमुखी प्रतिभा का एक अंश मात्र ही था। अपनी प्रखर बुद्धि से न केवल उसने रसायनशास्त्र की सेवा की, बल्कि शरीरशास्त्र, कृषिशास्त्र और यंत्रविज्ञान के क्षेत्र में भी उसने मौलिक खोजें की हैं। व्यापार, अर्थशास्त्र, शिक्षाशास्त्र और राजनीति के क्षेत्र में अपने समय में वह नेता रहा है। संसार के इतिहास में आपको लेवोशिए की तरह बहुत कम लोग मिलेंगे, जिन्होंने बहुमुखी प्रतिभा से ज्ञान के विभिन्न अंगों की इतनी सेवा की हो। वैसे तो रसायनशास्त्र को उसकी देन ही विज्ञान के इतिहास में उसे अमर बनाने के लिए पर्याप्त है।

एंटोनाय लाउरेंट लेवोशिए का जन्म पेरिस में 26 अगस्त, 1743 में हुआ था। उसके पूर्वज गरीब परिस्थिति से ऊपर उठे थे। उसके पितामह घोड़ों की देखभाल करनेवाले के पुत्र थे, पिता फ्रांस की पार्लियामेंट में एडवोकेट थे। एंटोनाय ने भी पिता के पदचिह्नों पर अपने-आपको कानून की शिक्षा के लिए तैयार किया। फिर भी

विज्ञान में उसकी रुचि बनी रही। कानून की उपाधि प्राप्त कर लेने पर भी लेवोशिए माझारिन कॉलेज में खगोलशास्त्र, वनस्पतिशास्त्र, रसायन और भूगर्भशास्त्र का अध्ययन करता रहा।

उसी समय फ्रांस के प्रसिद्ध भूगर्भशास्त्री जे.ई. ग्वेटार्ड के साथ देश का भूगर्भीय एटलस तैयार करने का लेवोशिए को मौका मिला। इस काम के कारण ही सिर्फ 25 वर्ष की छोटी उम्र में लेवोशिए को फ्रांस की प्रसिद्ध विज्ञान-अकादमी ने अपना सदस्य चुन लिया।

वैज्ञानिक अनुसंधान के क्षेत्र में स्थिर हो जाने के बाद लेवोशिए ने अपनी माली हालत ठीक करने का फैसला किया। उसने 'फर्में जनराले' कंपनी में हिस्सा खरीद लिया। यह कंपनी राजा की ओर से कर-वसूली का काम करती थी। इस कंपनी में हिस्सा खरीदने के कारण लेवोशिए को आमदनी तो काफी हुई, किंतु अंत में यही हिस्सा उसकी मौत का कारण भी बना।

28 वर्ष की आयु में लेवोशिए ने चौदह-वर्षीय मेरी से विवाह कर लिया। लेवोशिए को लैटिन और अंग्रेजी का कम ज्ञान था। मेरी ने इन भाषाओं का अध्ययन कर लिया और अपने पति के लिए वह इन भाषाओं में प्रकाशित पुस्तकों एवं लेखों का अनुवाद करने लगी। उसने आयरिश रसायनशास्त्रज्ञ रिचार्ड किरविन की दो पुस्तकों का अनुवाद किया और जोज़ेफ प्रिस्टले, हेनरी केविन्डीश और अन्य समकालीन रसायनशास्त्रियों के निबंधों का भी अपने पति के लिए अनुवाद किया। वह एक कुशल चित्रकार भी थी। लेवोशिए की पुस्तकों के लिए उसी ने चित्र बनाए और प्रयोगशाला में भी वह अपने पति का हाथ बंटाती। लेवोशिए की मृत्यु के बाद उसने उसके अधूरे काम को संपादित करके प्रकाशित किया।

लेवोशिए के पहले, अरस्तू (अरिस्टोटल) की मान्यता के अनुसार, समस्त पदार्थ चार तत्त्वों—पृथ्वी, अग्नि, हवा और पानी—से बने हुए माने जाते थे। पदार्थ की एक 'आत्मा' मान्य थी जिसे 'फ्लोजिस्टन' कहा जाता था और इसे ही जलने की क्रिया का कारण माना जाता था। यदि कोई लकड़ी का टुकड़ा जलता था, तो वह केवल इसलिए कि लकड़ी में 'फ्लोजिस्टन' था और पत्थर का टुकड़ा इसलिए नहीं जलता कि उसमें 'फ्लोजिस्टन' नहीं है।

अंग्रेज रसायनशास्त्री जोज़ेफ प्रिस्टले ने सन् 1774 में 'फ्लोजिस्टन-रहित हवा' (ऑक्सीजन) का आविष्कार किया, लेकिन वह इस खोज का महत्त्व नहीं समझ सका था। लेवोशिए सन् 1772 में ही जलने की क्रिया का अध्ययन कर रहा था। उसने देखा कि सल्फर और फास्फोरस जलने के बाद तौल में बढ़ जाते हैं। लेवोशिए ने नतीजा निकाला कि प्रिस्टले की 'फ्लोजिस्टन-रहित वायु' ही इस अतिरिक्त भार का कारण है। उसने इसे 'ऑक्सीजन' का नाम दिया। इसी गैस को अपना लेने पर धातु ऑक्साइड्स में परिवर्तित हो जाती है। उसने यह सिद्ध कर दिखाया कि फ्लोजिस्टन

का सिद्धांत गलत है और जलने की क्रिया ऑक्सीजन के कारण ही संभव है।

लेवोशिए ने आगे जाकर अपने प्रयोगों द्वारा यह भी सिद्ध कर दिखाया कि पानी वास्तव में दो तत्त्वों—हाइड्रोजन और ऑक्सीजन—के मेल से बना हुआ है। इस प्रकार उसने रसायनशास्त्र के अध्ययन को नया मोड़ दिया। इस नए रसायनशास्त्र को वैज्ञानिकों ने स्वीकार कर लिया। तत्त्वों की नई तरह से खोज होने लगी। अब तक जिन पदार्थों को तत्त्व-रूप में स्वीकार किया जाता था, वे अब मात्र योग से बने हुए सिद्ध हुए। वास्तविक रासायनिक तत्त्व थे—धातुएं, ऑक्सीजन, हाइड्रोजन, नाइट्रोजन, सल्फर और अन्य तत्त्व, जिनका कि रासायनिक विधियों से सरलीकरण संभव नहीं है।

लेकिन लेवोशिए का महत्त्व इस बात के लिए अधिक है कि उसने अपने 'ऑक्सीजन-ज्वलन-क्रिया-सिद्धांत' के आधार पर रसायनशास्त्र में अनेक नए तथ्यों का पता लगाकर उन्हें एकरूप किया। अन्य फ्रांसीसी वैज्ञानिकों की सहायता से उसने सही रसायन-शब्दावली का निर्माण किया। सन् 1789 में उसने रसायनशास्त्र पर एक पुस्तक लिखी, जिसमें उस समय तक ज्ञात समस्त रासायनिक तथ्यों को शामिल करके उनका उल्लेख किया गया था।

विज्ञान-संबंधी खोजों के अलावा लेवोशिए सरकार के लिए युद्ध-सामग्री जुटाने में भी सहायक सिद्ध हुआ। बारूद की कमी को दूर करने में उसका विशेष हाथ था। एक अंश तक हम कह सकते हैं कि अमरीका की राज्यक्रांति में लेवोशिए का विशेष सहयोग था, क्योंकि फ्रांस से ही अमरीकी उपनिवेशवासियों को बारूद मिला था। लेवोशिए की सलाह से ही सरकार ने आर्सेनल में बारूद बनाने के लिए एक कारखाना बनाया था।

आर्सेनल में ही लेवोशिए की जिंदगी के दिन सुख में बीते हैं। यह फैक्टरी उसके लिए एक प्रकार की प्रयोगशाला ही थी। किंतु यहां पर हुई दो दुर्घटनाएं सिद्ध करती हैं कि सरकारी नौकरी में वैज्ञानिकों का जीवन खतरे में रहता है। एक बार अपनी पत्नी और तीन सहायकों के साथ लेवोशिए पोटेशियम क्लोरेट पर प्रयोग कर रहा था। प्रयोगशाला में भीषण विस्फोट हुआ और दो सहायकों की तत्काल मृत्यु हो गई। लेवोशिए और उसकी पत्नी बाल-बाल बच गए।

दूसरी दुर्घटना सन् 1789 में हुई। यह उन दिनों की बात है जब क्रांतिकारियों ने पेरिस पर अधिकार कर लिया था। अधिकारियों ने निर्णय किया कि 10,000 पौंड कम शक्तिवाली बारूद शहर के बाहर भेज दी जाए और उसके स्थान पर अच्छी बारूद बाहर से मंगाई जाए। इस बात से जनता में खलबली मच गई। बारूद की इस अदला-बदली को षड्यंत्र माना गया और लेवोशिए को क़ैद कर लिया गया। लेवोशिए के पुनः आर्सेनल वापस आने पर ही शांति स्थापित हुई।

लेवोशिए के पास 370 एकड़ खेतिहर जमीन थी। वह नियमित रूप से प्रतिवर्ष

कुछ समय अपने फार्म पर बिताता था। कृषक लेवोशिए जल्दी ही समझ गया कि उपज अधिकांशत: अच्छी खाद पर निर्भर करती है। खेती की उपज से संबंधित उसने कई नई बातों की जानकारी हासिल की। इसका परिणाम यह हुआ कि 14 वर्ष के भीतर ही उपज दुगुनी हो गई।

लेवोशिए द्वारा लिखी हुई 'फ्रांस की जमीन और धन-संपत्ति' पुस्तक अर्थशास्त्र का एक महत्त्वपूर्ण ग्रंथ है। यह पुस्तक क्रांति के पहले लिखी गई थी, किंतु नेशनल एसेंबली ने इसे इतना महत्त्वपूर्ण समझा कि सन् 1791 में उसने इसे प्रकाशित करवाया। लेवोशिए की मान्यता थी कि देश की खेती की उपज की जानकारी पर ही कर-योजना निर्धारित की जा सकती है। इसके लिए उसने अनेक तथ्य इकट्ठे किए। उपज और जनसंख्या-संबंधी उसके द्वारा इकट्ठे किए गए आंकड़े बहुत ही फायदेमंद साबित हुए। लेवोशिए ने सरकार को यह भी सुझाव दिया कि वह एक ऐसी संस्था की स्थापना करे जो न केवल आर्थिक तथ्यों अपितु कृषिशास्त्र, उद्योग-धंधे और जनसंख्या-संबंधी तथ्यों को एकत्र कर सके।

जनता की शिक्षा के लिए लेवोशिए ने सरकार को नए सुझाव दिए। उसने इस बात पर जोर दिया कि लड़के और लड़कियों के लिए, बिना किसी भेद के, नि:शुल्क शिक्षा की व्यवस्था करना सरकार का प्रमुख कर्तव्य है।

फ्रांस में यह क्रांति का युग था। दूसरे बुद्धिमान लोगों की तरह लेवोशिए ने भी क्रांति का स्वागत किया और स्वयं प्रजातंत्र का पक्ष ग्रहण किया। किंतु क्रांति ने जब भयंकर शासन का रूप धारण कर लिया तो उन व्यक्तियों, जिनका पहले राजा की सरकार से संबंध था, का जीवन खतरे में पड़ गया। कर वसूल करनेवाले अधिकारियों से विशेष घृणा की जाती थी, क्योंकि उनमें से अधिकांश उच्च कुल से संबंधित थे और बर्बर शोषक भी थे। हम पहले कह आए हैं कि लेवोशिए का भी कर वसूल करनेवाली कंपनी में हिस्सा था। यह बात सही है कि कृषि-संबंधी अनेक सुधार करके उसने अपने देश के किसानों की दशा सुधारने में सहायता दी थी। वह एक प्रसिद्ध वैज्ञानिक भी था। अत: लेवोशिए ने इस नई आंधी की कोई परवाह नहीं की।

किंतु अंत में लेवोशिए को भी दोषी ठहराया गया। उसे मृत्युदंड दिया गया। संपूर्ण यूरोप के प्रसिद्ध व्यक्तियों ने उसके जीवन की भीख मांगी, किंतु स्वयं लेवोशिए ने न तो दया की भिक्षा मांगी, न देश से भागने का ही निश्चय किया। उसने शांतिपूर्वक कहा : "मैंने अच्छा जीवन व्यतीत किया है। मैं मरने के लिए तैयार हूं।"

एक दिन मई, 1794 में गुलेटिन से लेवोशिए का सिर काट दिया गया। उसकी मृत्यु के दूसरे दिन प्रसिद्ध गणितज्ञ लागरांजे ने डेलांबर से कहा था : "उस सिर को काटने के लिए मात्र एक क्षण का ही समय लगा। संभवत: और एक सदी तक फ्रांस को ऐसी खोपड़ी फिर नहीं मिल पाएगी।"

जॉन डाल्टन

[सन् 1766-1844]

आज से लगभग ढाई हजार वर्ष पहले यूनान में परमाणु—एटम—का जन्म हुआ था। अनक्जि़गोरस, डिमॉक्रिटस और ल्यूक्राटयस ने विश्व के इस लघुतम तत्त्व की खोज की थी। एटम का अर्थ होता है—पदार्थ की वह सबसे छोटी इकाई जिसकी और अधिक छोटी इकाई नहीं बनाई जा सकती। ए-टम अर्थात् अ-विभाज्य, अर्थात् जिसे और न बांटा जा सके। हमारे देश में भी वैशेषिक-दर्शन के प्रतिपादक कणाद मुनि ने लगभग इसी प्रकार के विचार व्यक्त किए थे। उनका मत था कि समस्त पदार्थ छोटे-छोटे कणों से मिलकर बने हैं। कणाद का वास्तविक नाम हम नहीं जानते। उनके इन विचारों के कारण ही संभवत: समकालीन लोगों ने उनका नाम कणम्-अत्ति कणाद रख दिया था।

अफ़लातून जैसे प्रभावशाली दार्शनिकों के विरोधी विचारों के कारण परमाणु का सिद्धांत दो हजार वर्ष तक संग्रहालय में पड़ा रहा। जॉन डाल्टन पहला आदमी था, जिसने संग्रहालय से इस सिद्धांत को दुबारा उठाया, उसमें लगी जंग को साफ

किया, उसे फिर से जीवन दिया और उसे वह पहली बार उपयोग में लाया। डाल्टन द्वारा सन् 1808 में परमाणु-सिद्धांत दुबारा प्रकाश में लाया गया।

इस सिद्धांत के अनुसार :

1. सारे-के-सारे भौतिक पदार्थ परमाणुओं से मिलकर बने हैं।
2. परमाणु पदार्थ की सबसे छोटी इकाई है, और उसे अधिक छोटा बनाना असंभव है।
3. किसी एक पदार्थ के सभी परमाणु आकार-प्रकार और तौल में समान होते हैं और उस तत्त्व के गुण-धर्म उनमें होते हैं।
4. एक तत्त्व के परमाणु दूसरे तत्त्व के परमाणु से भिन्न होते हैं और परमाणुओं की यही भिन्नता उनके तत्त्वों की भिन्नता का कारण होती है।
5. रासायनिक प्रक्रियाओं के कारण परमाणुओं के गुण-धर्मों में किसी तरह की कोई रद्दोबदल नहीं होती। सिर्फ उनकी यौगिक संख्याओं में ही हेरा-फेरी होती है।

डाल्टन के सिद्धांत ने विज्ञान-जगत् में हलचल मचा दी। आगे जाकर उसने सिद्ध किया कि किसी खास यौगिक में तत्त्वों के परमाणुओं की संख्या निश्चित होती है। रसायनशास्त्र का यही 'स्थायी अनुपात का नियम' है। डाल्टन ने आगे जाकर सिद्ध किया कि एक तत्त्व किसी दूसरे तत्त्व से एक से अधिक अनुपात में मिश्रित हो सकता है। इस प्रकार दो तत्त्वों में योग द्वारा एक से अधिक यौगिकों का निर्माण संभव है। जैसे : हाइड्रोजन के दो परमाणु और ऑक्सीजन का एक परमाणु मिलकर पानी (H_2O) बनता है, किंतु उसी हाइड्रोजन के दो परमाणु और ऑक्सीजन के दो परमाणु मिलकर हाइड्रोजन-परॉक्साइड (H_2O_2) नामक यौगिक बनता है।

लेकिन इन सब रासायनिक मिश्रणों की विशेषता यह है कि उनकी बनावट इस प्रकार होती है मानो परमाणु अविभाज्य है, अर्थात् वह अपने-आपमें एक पूर्ण इकाई है और वह बंट नहीं सकता है। परमाणुओं का योग सरल अनुपातों में ही संभव है, जैसे 1 : 1, 1 : 2, 1 : 3, आदि। डाल्टन का परमाणु-सिद्धांत उन्नीसवीं शताब्दी के शुरू में लोगों के सामने आया था। यह सिद्धांत अधिक-से-अधिक तत्त्वों की खोज निकालने के लिए एक शक्तिशाली जरिया साबित हुआ। शताब्दी के मध्य तक लगभग 75 तत्त्व मालूम हो गए थे और उनका अध्ययन कर लिया गया था। सन् 1869 में रूसी रसायनशास्त्री मेंडलीफ़ ने इन तत्त्वों को एक तालिका में सजाया, जिसको हम 'मेंडलीफ़ की आवर्त-तालिका' (Periodic Table) के नाम से जानते हैं।

आधुनिक परमाणु-विज्ञान के अनुसार डाल्टन का परमाणु—एटम—अविभाज्य नहीं रहा। एटम को तोड़कर उसके भीतर हमने और लगभग 30 परमाणु-कणों का पता लगा लिया है और दिनोंदिन यह संख्या बढ़ती ही जा रही है। लेकिन जहां

तक रसायनशास्त्र का प्रश्न है और विज्ञान के आरंभिक अध्ययन का प्रश्न है, डाल्टन का परमाणु-सिद्धांत आज भी मान्य है। इसी सिद्धांत की नींव पर वैज्ञानिक रसायनशास्त्र और परमाणु-विज्ञान का विशाल भवन खड़ा कर सके हैं।

आज परमाणु-शक्ति के कारण समस्त मानव-जाति भयभीत है। मनुष्य का अपना अस्तित्व ही खतरे में है। तो क्या आप इसके लिए डाल्टन-जैसे वैज्ञानिकों को दोषी ठहराएंगे?

जॉन डाल्टन का जन्म सन् 1766 में ईगल्सफ़ील्ड (कंबरलैंड, इंग्लैंड) में एक निर्धन परिवार में हुआ था। माता-पिता शांतिप्रिय क्वेकर संप्रदाय के सदस्य थे। उसके पिता कपड़े बुनकर अपने परिवार का पालन-पोषण करते थे।

जॉन को क्वेकरों की ही एक पाठशाला में पढ़ने भेजा गया। शुरू से ही वह स्वतंत्र-खोजी था। जब पाठशाला में गणित का कोई सवाल दिया जाता, तो दूसरे विद्यार्थी तो हल न निकलने पर अध्यापक से उत्तर पाने की प्रतीक्षा करते रहते, किंतु जॉन अध्यापक से कहता : "अभी उत्तर न बताइए, मुझे स्वयं निकालने दीजिए।"

स्कूल की शिक्षा प्राप्त कर लेने पर पंद्रह वर्ष की उम्र में एक बार जॉन की इच्छा हुई थी कि वह अपने मामा के पास जाकर खेती के धंधे में उनका हाथ बंटाए। उसका बड़ा भाई जोनाथन, पास के केंडाल नामक एक शहर में, क्वेकरों के लिए एक स्कूल चलाता था। जॉन ने अंत में अपने भाई का साथ देना ही ठीक समझा।

दोनों भाइयों के प्रयत्नों से स्कूल में नई जान आ गई। अपनी आय को बढ़ाने के लिए वे लोग पढ़ने-लिखने संबंधी दूसरे काम भी कर लेते थे; जैसेकि लोगों को पत्र लिखना, कानूनी कागज लिखना आदि।

एक बात और थी, जिसके कारण जॉन शहर के लोगों के लिए देवता-स्वरूप पूजनीय बन गया था। जलवायु का अध्ययन करके वह लोगों को वर्षा आदि की संभावना की जानकारी देता रहता था, जिससे लोग उससे बड़े खुश रहते थे। जलवायु के अध्ययन की उसकी यह हॉबी जीवन-भर उसके साथ बनी रही।

इसी बीच डाल्टन को पता लगा कि मांचेस्टर में एक प्रेस्बीटेरियन कॉलेज खुला है। कुछ दिनों तक दर्शन और गणितशास्त्र पढ़ाने के बाद ही उसे लगा कि यहां का वातावरण उसे पसंद नहीं आ रहा है। वह फिर से अपने प्राइवेट ट्यूशन के व्यवसाय में लौट आया।

डाल्टन को अपने व्यक्तिगत अनुभवों से ही ज्ञान प्राप्त होता रहा। एक दिन अपनी मां के लिए उसने मोजे खरीदे। मां को इस भेंट से प्रसन्नता हुई, साथ-ही-साथ आश्चर्य भी। "जॉन, तुम मेरे लिए बढ़िया मोजे लाए, किंतु इतना भड़कीला रंग तुमने कैसे पसंद किया? इन्हें पहनकर मैं कैसे बाहर निकल सकती हूं?"

"क्यों, यह हरा रंग तो बड़ा अच्छा लगता है।"

"लेकिन इनका रंग तो एकदम लाल है।"

डाल्टन को बड़ी परेशानी हुई। "यह तो बड़ी अजीब बात है! क्यों, मां!" तब उसे एक और बात याद आई : "तरुणियां कहती हैं कि सड़क पर हरे कोट में मुझे देखकर उन्हें हैरानी होती है। और मैं हमेशा उनसे कहता हूं कि मेरे कोट का रंग भूरा-लाल है।"

डाल्टन इस वर्ण-भिन्नता के कारणों का पता लगाने में जुट गया। क्या उसकी तरह ही संसार में और भी लोग हैं? अनेक परीक्षणों के बाद डाल्टन ने 'वर्णान्धता' का स्पष्टीकरण किया।

डाल्टन एक पादरी के घर रहने लगा। अब वह पूरी तरह रसायन के अध्ययन में जुट गया। लेवोशिए गैसों को तौलने का एक तरीका खोज चुका था। अब आगे का काम था, उन तत्त्वों को ठीक-ठीक तौला जाए जिनसे वस्तु बनती है। सितंबर, 1803 में डाल्टन ने परमाणु-भारों की अपनी पहली तालिका प्रकाशित की। इसमें तुलनात्मक रूप से केवल थोड़े-से ही तत्त्वों के परमाणु-भार दिये हुए थे। परंतु डाल्टन के परमाणु सिद्धांत से यह पता लगाया जा सका कि वस्तुओं में रासायनिक संयोग एक निश्चित अनुपात में घटित होते हैं। डाल्टन की इन खोजों और उसके द्वारा प्रतिपादित इन सिद्धांतों के साथ ही आधुनिक रसायनशास्त्र का जन्म हुआ है।

डाल्टन ने सन् 1808 में 'दि न्यू सिस्टम ऑफ केमिकल फिलासफी' नामक एक पुस्तक प्रकाशित की। इस पुस्तक ने रसायनशास्त्र में क्रांतिकारी परिवर्तन कर दिया। एक लेखक ने कहा है : "इस पुस्तक के आधार पर इतनी अधिक उपयोगी बातों की खोज की गई, जितनी कि भौतिक विज्ञान के क्षेत्र में अन्य किसी धारणा या पुस्तक द्वारा नहीं की जा सकी।"

डाल्टन की ख्याति अब फैल चुकी थी। उसे मांचेस्टर की साहित्यिक और दार्शनिक सभा का सभापति चुना गया। लंदन की रॉयल सोसाइटी ने उसे व्याख्यान देने के लिए बुलाया। यहीं पर सर हम्फ्री डेवी से उसकी भेंट हुई।

परंपरा तो यही है कि किसी महान् व्यक्ति की मृत्यु के बाद ही उसकी प्रतिमा बनाई जाती है, परंतु यह बड़ी विचित्र बात है कि सन् 1833 में डाल्टन के मित्रों ने उसकी मूर्ति बनाने के लिए चंदे से 200 पौंड इकट्ठे किए और अगले वर्ष मांचेस्टर रॉयल इंस्टीट्यूट के सामने उसे खड़ा कर दिया गया। डाल्टन की मृत्यु दस साल बाद हुई। कल्पना कीजिए—डाल्टन जब स्वयं अपनी मूर्ति के पास से गुजरता होगा, तो उसके हृदय में कैसी-कैसी भावनाएं उठती होंगी!

सन् 1844 में डाल्टन की मृत्यु हुई।

माइकेल फैराडे

[सन् 1791-1867]

अणुशक्ति की अधिक चर्चा के कारण बहुत से लोग आज के युग को 'अणु-शक्ति का युग' कहना पसंद करते हैं। लेकिन जहां तक मनुष्य के हितों का प्रश्न है, इस शक्ति से अब तक लाभ की बजाय हानि ही अधिक हुई है। वैज्ञानिक उपलब्धियों से प्राप्त सुख-सुविधाओं पर निष्पक्ष तौर पर विचार किया जाए तो विद्युत-शक्ति आज हमारे लिए सबसे अधिक सुख-सुविधाएं प्रस्तुत करती है। बिजली को मनुष्य की सेवा में लगानेवाला सर्वप्रथम महान् वैज्ञानिक था—माइकेल फैराडे।

माइकेल फैराडे का जन्म लंदन के निकट नेविंग्टन स्थान पर 22 सितंबर, 1791 को हुआ था। उसके पिता लोहार थे। उनके परिवार में दस बच्चे थे और वे गरीबी में अपने दिन गुजार रहे थे। हालत इतनी खराब थी कि माइकेल के लिए स्कूली-शिक्षा प्राप्त करना भी मुश्किल था। आगे जाकर अपनी डायरी में उसने लिखा है : "मेरी प्रारंभिक शिक्षा नहीं के बराबर ही हुई थी। मैं थोड़ा-सा पढ़

लेता था। थोड़ा-सा लिख लेता था। बचपन के मेरे दिन स्कूल के बजाय घर और सड़क पर खेलने में ही बीते थे।"

तेरह वर्ष की आयु में माइकेल को एक पुस्तक-विक्रेता की दुकान पर नौकरी मिल गई। माइकेल की योग्यता देखकर दुकान के मालिक ने उसे अगले सात वर्षों के लिए अधिशिक्षार्थी के रूप में रख लिया। दुकान की पुस्तकों में उसकी रुचि बढ़ने लगी। बाद में उसने लिखा था : "जब मैं किताब की दुकान में काम करता था, तो विज्ञान से संबंधित जो भी पुस्तक मेरे हाथ आती थी, मैं उसे मन लगाकर पढ़ लेता था। उन्हीं दिनों मैंने मार्सेट की 'रसायनशास्त्र में संवाद' और 'ब्रिटानिका विश्वकोश' में से बिजली से संबंधित लेख पढ़े थे।"

एक दिन वह सड़क पर से गुजर रहा था। उसने देखा कि एक बोर्ड पर विज्ञान-संबंधी व्याख्यानमाला का नोटिस लगा हुआ है। लेकिन उन भाषणों को सुनने के लिए टिकट लेना पड़ता था और टिकट की कीमत थी एक शिलिंग। वह सोचने लगा कि अब एक शिलिंग कहां से जुटाया जाए? सौभाग्य से, दुकान के मालिक ने उसकी मदद की। उसने मन लगाकर व्याख्यानमाला को सुना। उसके बाद उसकी कल्पना में एक नए संसार की सृष्टि हो गई।

इसी बीच उसे एक सहृदय व्यक्ति से सर हम्फ्री डेवी के व्याख्यानों को सुनने के लिए चार टिकट मिले। इससे अधिक बड़ा उपहार उसे क्या मिल सकता था? कागज-पेंसिल लेकर वह व्याख्यान सुनने गया और जल्दी-जल्दी उसे उतारता रहा। प्रत्येक व्याख्यान के उसने व्यवस्थित नोट्स तैयार किए और अंत में उन्हें सर डेवी के पास भेज दिया। साथ में एक पत्र भी उसने लिखा, जिसमें अनुरोध किया था कि सहायक के रूप में उसे यदि कोई काम मिल सके, तो बड़ी कृपा होगी।

फैराडे को सहायक की नौकरी मिल गई। यहीं से उसके जीवन का नया अध्याय आरंभ होता है। सहायक के रूप में उसे बहुत-सी बोतलें और परीक्षण-नलिकाएं (टेस्ट ट्यूब) साफ करनी पड़ती थीं। इसी बीच वह अपना अध्ययन भी करता रहा। उसे इस बात का गर्व था कि वह इंग्लैंड के सबसे प्रसिद्ध जीवित वैज्ञानिक सर हम्फ्री डेवी की सेवा में है। कुछ समय पश्चात् उसे व्याख्यानों में सर डेवी की मदद करने का भी मौका दिया गया और उसमें उसने ऐसी योग्यता का परिचय दिया कि बाद में वह डेवी से भी अधिक प्रसिद्ध और जनप्रिय व्याख्याता बन गया।

डेवी और फैराडे साथ-साथ काम करने लगे। शिक्षक और शिष्य मिलकर प्रकृति के गूढ़तम रहस्यों का उद्‌घाटन करते रहे। शिक्षक अपने शिष्य पर अधिक विश्वास करने लगा। कुछ ही महीनों के भीतर फैराडे का डेवी पर इतना प्रभाव पड़ा कि उसने अपनी यूरोप-यात्रा में फैराडे को भी साथ ले लिया।

लोहार का यह लड़का, इसके पहले लंदन से अधिक दूर नहीं गया था। यह मौका उसके जीवन की महत्त्वपूर्ण घटना थी। 13 अक्टूबर, 1813 को उनकी यह यात्रा शुरू हुई।

"इस प्रात:काल से मेरे जीवन का स्वर्ण प्रभात प्रारंभ होता है," फैराडे ने अपनी डायरी में लिखा।

फैराडे अपनी यूरोप-यात्रा का विवरण एक डायरी में लिखता रहा। इसमें उसने 'समुद्र के रात्रि-सौंदर्य' का वर्णन किया, पर्वतमालाओं का वर्णन किया। पेरिस में उसने नेपोलियन को 'अपने कोच के एक किनारे में बैठे देखा। उसका पूरा शरीर मूल्यवान वस्त्रों से ढका हुआ था।' इंग्लैंड की सेना फ्रांस की सेना से लड़ रही थी, किंतु उसे इस बात की प्रसन्नता थी कि अंग्रेज वैज्ञानिकों को बिना पासपोर्ट के ही फ्रांस में उतरने की सुविधा थी।

साथ में श्रीमती डेवी भी थी। वह फैराडे से इसलिए घृणा करती थी कि वह एक लोहार का लड़का है। वह उससे सेवकों-जैसा व्यवहार करती थी। वह इस बात को भूल गई थी कि स्वयं उसका पति भी एक मामूली हैसियत से ऊपर उठा है। एक दिन तो उसने अति ही कर डाली। जेनेवा की बात है। फ्रांसीसी दार्शनिक प्रो. डेला रीवे ने डेवी-दंपती और फैराडे को दावत दी। फैराडे को भी दूसरे व्यक्तियों के साथ खाने की मेज पर सम्मानित स्थान दिया गया। परंतु श्रीमती डेवी ने इस व्यवस्था पर आपत्ति उठाई। उसने कहा कि फैराडे उसके पति का सेवक है और सेवक को सेवकों के साथ ही बैठकर खाना खाना चाहिए।

प्रो. रीवे को इस बात से बहुत दु:ख हुआ और उसे बड़ा गुस्सा आया। उसने फैराडे के लिए अलग कमरे में बहुत शानदार इंतजाम किया। इस सद्व्यवहार के लिए फैराडे प्रो. रीवे का जीवन-भर एहसानमंद रहा।

सन् 1815 में वह यूरोप-यात्रा से लौट आया। डेवी के प्रभाव से फैराडे को रॉयल इंस्टीट्यूट में फिर से सहायक बना दिया गया, परंतु इस बार उसे बोतलें धोने का नहीं, वैज्ञानिक अनुसंधान का काम सौंपा गया। बाद में उसे व्याख्यान देने का भी मौका मिला।

30 शिलिंग प्रति सप्ताह उसकी आय थी। इतने में ही वह अपना गुजारा कर लेता था। इतना ही नहीं, उसका यह विचार बनने लगा था कि इस आय में दो आदमियों का भी गुजारा चल सकता है। सराह बर्नार्ड नामक तरुणी से वह मिलने-जुलने लगा था। लेकिन फैराडे ने जब उसके सामने विवाह का प्रस्ताव रखते हुए पत्र लिखा, तो उस पत्र के नीचे सराह ने लिख दिया : "प्यार दार्शनिकों को मूर्ख बना देता है।"

लेकिन 'दार्शनिक' अपने 'प्यार' पर डटा रहा। अंत में सराह ने फैराडे को स्वीकार कर लिया। जीवन-भर दोनों का प्यार टिका रहा। यदि केवल फैराडे ने

जीवन में कभी पैसों की परवाह नहीं की, तो सराह फैराडे ने उन सुख-सुविधाओं की कभी आशा नहीं की जो केवल पैसों से खरीदी जा सकती थीं। जीवन-भर वह फैराडे के शरीर और उसके स्वास्थ्य का ध्यान रखती रही और वह अपने दिमाग को वैज्ञानिक अनुसंधानों में लगा सकने में स्वतंत्र रहा।

वैज्ञानिक अनुसंधानों में फैराडे को इतनी अधिक सफलता मिली कि 1824 में रॉयल सोसाइटी ने उसे अपना सदस्य निर्वाचित किया तथा अगले वर्ष उसे रॉयल इंस्टीट्यूट की प्रयोगशाला का संचालक बना दिया गया; और थोड़े ही समय में सर डेवी के स्थान पर वह रसायनशास्त्र का प्राध्यापक नियुक्त हुआ।

सन् 1827 की बात है। लंदन विश्वविद्यालय ने फैराडे को रसायनशास्त्र के प्राध्यापक पद के लिए आमंत्रित किया, किंतु उसने इस आमंत्रण को अस्वीकार कर दिया। रॉयल इंस्टीट्यूट में चालू अनुसंधान के कार्य में ही वह अपना सारा समय लगाना चाहता था।

सन् 1821 में वह डायनमो के सिद्धांत का आविष्कार कर चुका था। फिर वह चुंबकीय विद्युत और इंडक्शन के क्षेत्र में प्रयोग करता रहा। सन् 1831 तक उसने चुंबकीय और डायनमो इंजनों का आविष्कार कर लिया था।

1831 से 1841 के बीच का समय वैज्ञानिक अनुसंधानों की दृष्टि से फैराडे के जीवन का अत्यधिक महत्त्वपूर्ण समय था, किंतु आगे आनेवाले वर्षों में उसका मानसिक स्वास्थ्य गिरता ही गया। स्नायविक कमजोरी आ गई। अपना इलाज कराने के लिए वह अपनी पत्नी और भाई को लेकर स्विट्जरलैंड चला गया। शारीरिक शक्ति तो उसमें काफी थी, किंतु मानसिक शक्ति इतनी क्षीण हो गई थी कि साधारण वार्तालाप के लिए भी वह अपने-आपको असमर्थ पाता था।

लेकिन स्विट्जरलैंड में काफी अरसे तक इलाज कराने के बाद उसका स्वास्थ्य ठीक हो गया और वह फिर से इंग्लैंड में अपनी प्रयोगशाला में लौट आया। इस बार वह विद्युत और चुंबक के पारस्परिक संबंध का पता लगाने में जुट गया।

फैराडे के कार्य इतने महत्त्वपूर्ण थे कि चारों ओर से आवाज़ उठाई जाने लगी कि उसे 'सर' की उपाधि देकर सम्मानित करना चाहिए। परंतु स्वयं फैराडे ने इस बात को अस्वीकार कर दिया। अंत में यह तय हुआ कि उसे सरकार की ओर से पेंशन मिले। फैराडे को राजकीय कोष-विभाग के लॉर्ड मेलबोर्न के कार्यालय में बुलाया गया। पहले बहुत देर तक उसे मेलबोर्न के सचिव के यहां ही प्रतीक्षा करनी पड़ी। अंत में जब वह लॉर्ड मेलबोर्न से मिला तो उन्होंने उसे सूचित किया कि वैज्ञानिकों और साहित्यिकों को पेंशन देना निरी मूर्खता है। फैराडे वहां से लौट आया। किंतु उसके मित्रों ने जब इस घटना को लेकर हो-हल्ला मचाया, तो स्वयं

राजा को इस कार्य में हाथ डालना पड़ा। फैराडे को शेष जीवन-भर के लिए 300 पौंड पेंशन देना स्वीकार किया गया।

फैराडे की इच्छा थी कि वह आजीवन केवल साधारण माइकेल फैराडे ही बना रहे। उसे रॉयल इंस्टीट्यूट तथा रॉयल सोसाइटी का सभापति पद दिया गया, परंतु उसने दोनों को अस्वीकार कर दिया। स्वभाव से ही वह संकोची था।

गरीबी में ही इस महान् वैज्ञानिक का जन्म हुआ और गरीबी में ही सन् 1867 में उसकी मृत्यु हुई। लेकिन अपने अनुसंधानों से उसने समस्त मानव-जाति को धनी बना दिया।

चार्ल्स डारविन

[सन् 1809-1882]

मनुष्य का जन्म पृथ्वी पर कब और कैसे हुआ? मानव-जाति की उत्पत्ति का पता कहां से लगाया जा सकता है? दूसरे जीवों से उसका क्या संबंध है?—आदि प्रश्नों का ठीक-ठीक उत्तर देना प्रकृति के गुप्त-से-गुप्त रहस्यों को खोलना है।

धार्मिक लोगों के लिए मनुष्य की उत्पत्ति का प्रश्न बड़ी आसानी से हल हो जाता है क्योंकि उनके विचार से प्राचीनकाल में ईश्वर ने अपने चमत्कार के बल से पहला मानव प्राणी बनाया और उसी से मनुष्य-जाति का प्रारंभ हुआ।

विज्ञान ने प्रगति की। वैज्ञानिक जीव-जगत् का अध्ययन कर जीवों की, विशेषकर मनुष्य-जाति की उत्पत्ति और क्रम-विकास के रहस्यों की गहराई में उतरकर खोज करने लगे। यूरोप के प्रकृतिवादी वैज्ञानिक कुछ ऐसे नतीजों पर पहुंचे जो मूलत: चेतन और जड़ प्रकृति संबंधी धार्मिक मान्यताओं के विरुद्ध थे।

उन्नीसवीं शताब्दी के प्रारंभ तक प्राणिशास्त्र के क्षेत्र में कुछ ऐसे तथ्य इकट्ठे हो गए थे कि अब उनका एक सुनिश्चित सामंजस्य जरूरी था। रूस के महान्

वैज्ञानिक लोमोनोसोव ने 1763 में लिखा था : "विश्व और पृथ्वी पर दिखाई देनेवाली सत्ताएं, सृष्टि के आरंभ में ठीक उसी अवस्था में नहीं थीं जिस अवस्था में उन्हें हम आज देखते हैं।" स्वीडेन के कार्ल लिन्नेउस (1707-1778) ने धार्मिक विचारों का स्पष्ट रूप से खंडन तो नहीं किया, किंतु उन्होंने कहा कि मानव-शरीर का गठन उन्नत वानरों के शारीरिक गठन से बहुत-कुछ मिलता-जुलता है। फ्रांसीसी प्रकृतिवादी जार्ज बूफो (1707-1788) ने 1778 में घोषणा की कि प्रकृति-विज्ञान के तथ्य न केवल प्रकृति की अपरिवर्तनशीलता संबंधी धार्मिक उपदेशों के विरुद्ध गवाही देते हैं बल्कि हमें अन्य प्राणियों के साथ मनुष्य के घनिष्ठ संपर्क के बारे में भी सोचने का मौका देते हैं। बूफो पर ईसाई पादरियों ने अत्याचार किया और उसे बयान प्रकाशित कर अपने विचार वापस लेने के लिए मजबूर किया। फ्रांसीसी विद्वान जां लामार्क (1744-1829) एक महान् प्रकृतिवादी थे। उन्होंने कहा था : "विभिन्न प्राणियों और वनस्पतियों की आकृति परिवर्तनशील है। निम्न श्रेणी के जीव उच्च श्रेणी के जीव में बदल सकते हैं। मनुष्य का सबसे निकटतम पूर्वज दो पैरवाली प्रजाति का वानर है।" लेकिन इन विचारों को ठोस तथ्यों द्वारा सिद्ध करना और अपने विरोधियों की आपत्तियों का खंडन करना लामार्क के लिए संभव नहीं हुआ।

जो काम दूसरों के लिए संभव न हो सका, वही काम डारविन ने कर दिया। डारविन ने ठोस प्रमाणों के आधार पर सिद्ध कर दिखाया कि मनुष्य प्राणि-जगत् के विकास की उच्चतर कड़ी है। प्राणि-जगत् और वनस्पति-जगत् नित्य-परिवर्तनशील हैं। वे अपना रूप बदलते रहते हैं। साथ-साथ उनकी विशेषताओं का परिणाम और गुण भी बदलते रहते हैं।

प्राणि-जगत् के बारे में डारविन की इस खोज को 'विकासवाद' (Evolution) कहते हैं। उसने इस सिद्धांत की प्रामाणिक व्याख्या के लिए सन् 1859 में 'प्रजातियों की उत्पत्ति' (Origin of Species) नामक पुस्तक प्रकाशित की। थामस हक्सले ने जब डारविन की पुस्तक पढ़ी तो उनके उद्गार थे : "मैं कितना मूर्ख था कि स्वयं इस बात को पहले न सोच सका।"

डारविन ने अपने अनुसंधान को केवल मनुष्य-जाति तक ही सीमित नहीं रखा। मनुष्य दूसरे प्राणियों से बंधा हुआ है और दूसरे प्राणियों की तरह मनुष्य की उत्पत्ति भी पृथ्वी पर स्वाभाविक रूप से हुई है। डारविन की खोज के अनुसार आदि-मनुष्य प्राचीन वानरों की सबसे उन्नत प्रजाति से उत्पन्न हुए। मानव-जाति और दूसरे प्राणियों के बीच का अंतर एक लंबी विकास की प्रक्रिया का परिणाम है। डारविन की खोज से यह भी स्पष्ट हो गया कि सभी प्रकार के प्राणियों और मनुष्य की उत्पत्ति एक-दूसरे से एकदम स्वतंत्र रूप से नहीं हुई थी। एक लंबे अर्से तक धीरे-धीरे विभिन्न प्राणियों की उत्पत्ति ऐसे पूर्वजों से हुई है जिनमें मुश्किल से

कोई समानता थी। इस विभिन्नता के लिए करोड़ों-अरबों साल का समय लगा होगा। वर्तमान काल में जीवित सभी प्रजातियां उन प्राणियों और वनस्पतियों के परिवर्तित और रूपांतरित वंशज हैं जो अति प्राचीन काल में पृथ्वी पर मौजूद थे। यह बात पृथ्वी के परत की प्राचीन तहों में प्राप्त पूर्वजों की ठठरियों से सिद्ध हो जाती है।

डारविन का अपना जीवन ही 'विकास' का सबसे बड़ा प्रमाण है। 12 फरवरी, 1809 को श्रुशबरी, इंग्लैंड, में उसका जन्म हुआ। संयोग से इसी दिन अब्राहम लिंकन का भी जन्म हुआ था। "डारविन ने मनुष्य के मस्तिष्क को अज्ञान की दासता से मुक्त किया, लिंकन ने मनुष्य के शरीर को श्रम-दासता से मुक्त किया।"

डारविन का यह सौभाग्य ही था कि एक सुसंस्कृत कुटुंब में उसका जन्म हुआ। पितामह प्रकृतिवादी थे और पिता सफल चिकित्सक। चार्ल्स बचपन से ही शांत, गंभीर और पैनी दृष्टिवाला था। बचपन से ही उसे छोटे-छोटे रंगीन पत्थर, सिक्के, पक्षी, अंडे, फूल, कीट-पतंग आदि संग्रह करने का शौक था। जहां तक संभव हो सके, वह मृत-पतंगे ही जमा करता था। परंतु दूरी से बंदूक द्वारा पक्षियों को मारने में उसे कोई आपत्ति नहीं थी। लेकिन एक बार उसने मृतप्राय पक्षी की यातना देखी और उसके दिमाग पर इस दृश्य का इतना असर पड़ा कि भविष्य के लिए उसने निर्णय कर लिया कि केवल शौक के लिए वह किसी भी प्राणी की हत्या नहीं करेगा।

अपनी मां से ही उसे कोमल हृदय मिला था, किंतु जब वह आठ वर्ष का ही था कि वह इस संसार से चल बसीं। चार्ल्स को उसके पिता ने स्कूल में भर्ती कर दिया, किंतु लैटिन, ग्रीक और गणित में उसका मन न लगा। उसने रासायनिक प्रयोगों के लिए पिता के बगीचे में गुप्त रूप से एक प्रयोगशाला तैयार की और प्रयोग भी करने लगा। इन्हीं कामों में उसे विशेष आनंद आता था। रासायनिक प्रयोगों को करने के कारण स्कूल के लड़कों ने उसका नाम ही 'गैस' डारविन रख दिया। स्कूल का हेडमास्टर भी उससे असंतुष्ट था। चार्ल्स के इन्हीं प्रयोगों से परेशान आकर उसके पिता ने उसे स्कूल से निकाल लिया और एडिनबरा विश्वविद्यालय में चिकित्साशास्त्र के अध्ययन के लिए भेज दिया।

आरंभ में चिकित्साशास्त्र उसे अरुचिकर नहीं लगा, किंतु धीरे-धीरे उसे चिकित्सा-शास्त्र से भी अरुचि हो गई। लेक्चरों को सुनना उसके लिए असंभव हो गया। एक दिन एक बच्चे का ऑपरेशन हो रहा था। डारविन भी वहां उपस्थित था। उस समय तक ऐसी किसी बेसुध करनेवाली दवा का आविष्कार नहीं हुआ था, जिससे रोगी को कष्ट न हो। उससे उस बालक की प्राणांतक पीड़ा देखी न गई और वह ऑपरेशन-कक्ष से बाहर चला आया। कई वर्षों तक उसे उस बच्चे की चीत्कार याद रही।

डारविन ने डॉक्टर बनने का विचार छोड़ दिया। पिता ने चाहा कि वह धर्मोपदेशक बने। इसी उद्देश्य से वह तीन वर्षों तक कैंब्रिज में पढ़ता रहा। किंतु अंत में उसे पता चला कि वह धर्मोपदेशक बनने के भी अयोग्य है। कैंब्रिज के तीन वर्ष उसने

'प्रार्थना, मद्यपान, गाने-बजाने, घूमने-फिरने और ताश खेलने में ही गुजारे।'

लेकिन यहीं पर प्रो. हेन्सली नामक वैज्ञानिक से उसका परिचय हुआ। इनकी ही सिफारिश पर डारविन को अवैतनिक सहायक के रूप में 'बीगल' जहाज़ पर काम मिला। 'बीगल' की पार्टी का उद्देश्य था कि दक्षिण अमेरिका, आस्ट्रेलिया, न्यूजीलैंड और दूसरे कई द्वीपों का भौगोलिक और प्राकृतिक पर्यवेक्षण किया जाए।

डारविन ने इस कार्य को सहर्ष स्वीकार किया। पिता की माली हालत अच्छी थी। पिता ने भी चार्ल्स को इस 'मौज' के लिए अनुमति दे दी। 'बीगल' 27 दिसंबर, 1831 को पोर्ट स्माउथ से अपनी ऐतिहासिक यात्रा पर चल पड़ा।

'बीगल' पांच वर्ष तक (1831-1836) समुद्र-यात्रा पर रहा। इस लंबी यात्रा में डारविन 'विकासवाद' के लिए तथ्यों को तो एकत्र करता ही रहा, साथ ही उसने इस यात्रा में और एक बड़ी चीज़ पाई—मानवता के प्रति प्रेम। अमेरिका की दास-प्रथा का उसने वर्णन किया है : "जो लोग दास-मालिक को कृपा की दृष्टि से देखते हैं और दास को नीच दृष्टि से देखते हैं, वे लोग अपने-आपको उस दूसरे की स्थिति में तो रखकर देखें—तो उन्हें पता चलेगा कि उनकी स्थिति कितनी दयनीय है। परिवर्तन की कोई आशा ही नहीं। जरा कल्पना तो कीजिए कि आपकी भी स्त्री है, बाल-बच्चे हैं—गुलामों के भी अपने स्त्री और बाल-बच्चे होते हैं—और उन्हें आपसे अलग कर दिया जाता है, आपके 'विक्रय' के बाद ही। और यह घृणित कार्य उन लोगों द्वारा किया जाता है जो अपने पड़ोसियों से प्रेम करने की शिक्षा देते हैं, जो ईश्वर में विश्वास रखते हैं और उससे प्रार्थना करते रहते हैं कि पृथ्वी पर उसकी कृपा बनी रहे।"

समुद्र-यात्रा में डारविन को बेशुमार परेशानियों और तकलीफ़ों का सामना करना पड़ा। वह हमेशा अस्वस्थ रहता। अपनी वृद्धावस्था नें उसने कहा था कि उस समुद्र-यात्रा के बाद आगे के 40 वर्षों में उसके जीवन में एक भी दिन ऐसा नहीं आया जब वह पूरी तरह से स्वस्थ रहा हो।

यात्रा से लौटने पर इमा वेड्गवुड से उसने विवाह कर लिया। उसने अपने लिए एक मकान खरीद लिया जिसके सामने एक बड़ा बगीचा था। बाद में वह 10 बच्चों का पिता बना।

एक जगह पर स्थायी रूप से बस जाने के बाद डारविन ने सबसे पहले 'बीगल की यात्रा' लिखी। लेकिन दूसरी पुस्तक पूरी तरह से तैयार करने में उसने 20 वर्षों का समय लिया। अंत में 1858 में 'विकासवाद' संबंधी उसका ग्रंथ तैयार हो गया, तो एक दिन उसे अपने मित्र अल्फ्रेड रसेल वैलेस का पत्र मिला। इस पत्र में 'विकासवाद' संबंधी ठीक उन्हीं तथ्यों का जिक्र था जिन पर डारविन स्वयं पिछले 20 वर्षों से काम कर रहा था। उस समय वैलेस मलाया में था और अपने निर्णयों पर डारविन का मत चाहने के उद्देश्य से ही उसने यह पत्र लिखा था।

डारविन इस पत्र से अजीब उलझन में पड़ गया। उसके मन में यह बात आई

कि इस सिद्धांत के अनुसंधान का सारा श्रेय वैलेस को ही दे दिया जाए। परंतु जब वैलेस को पता चला कि डारविन इस दिशा में पिछले 20 वर्षों से कार्य कर रहा है, उसने डारविन से आग्रह किया, कि वह अपने नाम से इस सिद्धांत को प्रकाशित करे। अंत में 24 नवंबर, 1858 को 'प्रजातियों की उत्पत्ति' (Origin of Species) का प्रथम संस्करण प्रकाशित हुआ।

ग्रंथ के प्रकाशित होते ही 'धर्म' बौखला गया। अंग्रेज बिशप विलवर-फोर्स ने 1860 में घोषित किया : "यह शिक्षा धार्मिक रचनाओं और दैवी अभिव्यक्तियों के विरुद्ध है। यह विधाता का खंडन करती है।" मनुष्य की उत्पत्ति किसी बंदर जैसे प्राणी से हुई, ऐसी धारणा पर वे लोग विवाद करने लगे और सार्वजनिक सभाओं में डारविनवाद का मज़ाक उड़ने लगा। विकासवाद के उस समय सबसे बड़े समर्थक थे—थामस हक्सले (1825-1895)। उन्होंने विशप के विरुद्ध खड़े होकर विकासवाद की पैरवी की।

डारविनवाद के विरुद्ध सबसे बड़ी दलील यह पेश की गई कि यह एक 'बंदरी सिद्धांत' है और इसने मनुष्य को 'सिंहासन-च्युत' किया है और उसकी श्रेष्ठता एवं मर्यादा को हानि पहुंचाई है।

डारविन की पुस्तक को प्रकाशित हुए 100 वर्ष हो चुके हैं। इस बीच यह सिद्धांत अनेकानेक रूपों से गुज़रा है। लॉयड मार्गेन के 'निर्गत विकासवाद' के अनुसार जीवन और जगत् के मध्य नए गुणों से युक्त ऐसे नए रूपों का उद्‌भव होता है जिनकी व्याख्या इससे पहले स्तरों से नहीं की जा सकती। फ्रांसीसी दार्शनिक बर्गसां ने विकासवाद के यांत्रिक सिद्धांतों की व्याख्या करते हुए 'सर्जनात्मक विकासवाद' का सिद्धांत पेश किया।

विकासवाद ने मनुष्य की विचारधारा पर गंभीर और व्यापक प्रभाव डाला है। विश्व और मनुष्य, ज्ञान और चेतना, नैतिकता और मूल्यों, धर्म और ईश्वर के प्रति मनुष्य की धारणाओं को उसने लगभग बदल डाला है। विज्ञान की अन्य किसी खोज या सिद्धांत ने मनुष्य की विचारधाराओं पर इतना गहरा प्रभाव नहीं डाला जितना कि 'विकासवाद' के सिद्धांत ने।

इस सिद्धांत से प्रभावित होकर मनुष्य को यह विचार त्याग देना पड़ा कि समाज और जगत् स्थिर है। परिवर्तन, विकास, परिवर्द्धन और उन्नति उसके जीवन के सूत्र बन गए हैं।

मनुष्य वास्तव में एक अद्‌भुत प्राणी है। विकास के क्रम में यह नए क्षेत्र में पहुंच गया है। जुलियन हक्सले ने इस सीमा को 'मनो-सामाजिक सीमा' का नाम दिया है। उनके मत में मनुष्य का विकास केवल शारीरिक रूप से ही नहीं, सांस्कृतिक रूप से भी होता है। विकास केवल शरीर का ही नहीं होता, अपितु सामाजिक संघटनों का, कानून, कला, विज्ञान, शिक्षण-पद्धति और नैतिक नियमों का भी होता है।

लुई पाश्चर

[सन् 1822-1895]

"इच्छा-शक्ति, कार्य और धीरज—ये तीन शब्द शब्दकोश के सबसे अधिक महत्त्व के शब्द हैं। इन्हीं तीन स्तंभों पर मैं अपने जीवन का विशाल भवन खड़ा करूंगा।" लुई पाश्चर ने अपने बचपन में ही कहा था।

चमड़े का व्यवसाय करनेवाले एक सुखी परिवार में सन् 1822 में लुई पाश्चर का जन्म हुआ। फ्रांस का जुरा जिला और इस जिले में आरबो नामक गांव। स्विट्ज़रलैंड के निकट जुरा नामक पहाड़ की तराई में यह गांव बसा हुआ था। पशुओं के लिए लंबे-चैड़े चरागाह थे और इसीलिए उसके परिवार का चमड़े का व्यापार खूब चलता था।

किंतु पिता अपने पुत्र को ऊंची-से-ऊंची और अच्छी-से-अच्छी शिक्षा देना चाहता था। वैसे बचपन में लुई में कोई खास विलक्षणता नहीं दिखाई देती थी।

"वह मेरी क्लास का सबसे अधिक शर्मीला और सबसे छोटा लड़का है। उससे मुझे भविष्य में बहुत कम आशाएं हैं!" उसके अध्यापक ने कहा था,

"विद्यार्थी का काम है कि वह केवल प्रश्नों का जवाब दे, न कि स्वयं प्रश्न पूछने लग जाए।"

लुई पाश्चर पेरिस में रसायनशास्त्र पढ़ने गया। देहात के लोग कहने लगे, "विज्ञान की पढ़ाई में समय बरबाद करना फिजूल है।"

किंतु पिता को अपने पुत्र पर पूरा-पूरा भरोसा और विश्वास था : "मुझे विश्वास है कि मेरा लुई जो कुछ भी करेगा, ठीक करेगा।"

पेरिस से लुई ने अपने पिता को लिखा था : "आप धीरज धरिए और मुझ पर विश्वास रखिए। मैं धीरे-धीरे उन्नति ही करूंगा।"

पेरिस में रसायनशास्त्र में डॉक्टरेट के लिए तैयारी करते समय उसने प्राइवेट ट्यूशन भी स्वीकार कर लिए थे। अनेक बार उसे भूखा रहना पड़ता, दूसरी परेशानियां उठानी पड़तीं, फिर भी वह अपने काम में जुटा रहता था।

इसी समय उसने प्रसिद्ध रसायनशास्त्री डमास के लेक्चर सुने। इन लेक्चरों से उसे और भी अधिक प्रोत्साहन मिला। डॉक्टरेट के लिए एक प्रबंध की बजाय उसने दो प्रबंध तैयार किए। आरबो गांव में खुशी की लहर दौड़ गई।

पिता ने लुई को लिखा : "तुम्हारे प्रबंधों को तो हम नहीं समझ सकते, किंतु तुम्हारे स्वभाव को हम जरूर पहचान सकते हैं। तुमने हमें हमेशा सुख दिया है।"

लुई पाश्चर को 'इकोले नॉर्मल' में प्रो. लाडरेंट के सहायक के रूप में स्थान मिला और उसने मणिम-वीक्षण पर प्रयोग भी करने शुरू कर दिए। इसी समय सारबोन विश्वविद्यालय में भौतिकशास्त्र के प्राध्यापक पाउले का ध्यान पाश्चर की ओर गया। उन्होंने स्ट्रासबोर्ग विश्वविद्यालय के नाम पाश्चर को एक प्रशंसापत्र दिया : "पाश्चर एक तरुण प्रतिभाशाली रसायनशास्त्र के विद्वान हैं। उन्होंने अभी कुछ प्रयोग समाप्त किए हैं। अगर उन्हें किसी अच्छे विश्वविद्यालय में पढ़ने-पढ़ाने और प्रयोग करने के लिए सुविधा मिले, तो वह महत्त्व का काम कर सकते हैं।"

जनवरी, 1849 में स्ट्रासबोर्ग विश्वविद्यालय में रसायन के प्राध्यापक के रूप में पाश्चर की नियुक्ति हो गई। विश्वविद्यालय में उनकी प्रथम विजय थी—कुमारी मेरी लाडरेंट के दिल पर विजय प्राप्त कर लेना।

वह विश्वविद्यालय के अध्यक्ष (रेक्टर) की लड़की थी। नियुक्ति के कुछ दिन बाद ही पाश्चर ने अध्यक्ष महोदय को पत्र लिखा : "मेरे पिता आरबो में चमड़े का व्यापार करते हैं। मेरी तीन बहनें घर का काम-काज देखती हैं और पिताजी को व्यवसाय में मदद भी करती हैं। पिछली मई में मेरी मां की मृत्यु हो चुकी है। मेरा परिवार अधिक धनी नहीं है, किंतु सुखी है। अपने हिस्से की जायदाद अपनी बहनों को दे देने का मैंने निश्चय कर लिया है, अतः मेरे पास अपनी कोई जायदाद नहीं

है। मेरे पास यदि कुछ है तो स्वस्थ शरीर, साहस और विश्वविद्यालय में स्थान। मैं अपने जीवन को शोधकार्य में लगाना चाहता हूं और मुझे सफलता में विश्वास है...। अपने जीवन की इन्हीं थोड़ी-बहुत विशेषताओं को सामने रखकर, मैं आपसे आपकी लड़की अपनी पत्नी के रूप में चाहता हूं।"

पिता ने पुत्री को निर्णय की पूरी छूट दे दी। पुत्री ने पहले तो साफ इनकार कर दिया, परंतु पाश्चर इससे निराश नहीं हुआ। उसने दूसरा पत्र मेरी की मां को लिखा : "मेरी पहली मुलाकात या भेंट को शायद अधिक महत्त्व देती है। मुझमें ऐसी कोई बात नहीं है कि प्रथम परिचय में ही कोई लड़की मुझ पर मोहित हो जाए। लेकिन जहां तक मेरा पिछला अनुभव है, अधिकाधिक मेरे निकट आने पर लोगों ने मुझे अधिक पसंद किया।"

उसने मेरी को भी एक पत्र लिखा : "मैं केवल यही चाहता हूं कि मुझे पहचान लेने में तुम जल्दबाजी न करो। इसमें तुम्हें गलतफहमी हो सकती है। समय तुम्हें बताएगा कि इस ऊपर से ठंडे और संकोची स्वभाववाले आदमी के भीतर तुम्हारे लिए गहरा प्यार है।"

अंत में उसे अपने प्रयत्नों में सफलता मिली। 29 मई, 1849 विवाह का दिन निश्चित हुआ। उस रोज गिरजे में अतिथि आ चुके थे, वधू आ चुकी थी, उसके माता-पिता आ चुके थे, पादरी आ चुका था—'लेकिन वर कहां है?'

अपनी प्रयोगशाला को छोड़कर वह और कहां होता? उसका परम मित्र चाप्पुइस दौड़ा-दौड़ा उसकी प्रयोगशाला में पहुंचा, जहां पर पाश्चर को उसने प्रयोग में तल्लीन देखा।

"क्या तुम अपने विवाह की तारीख भी भूल गए?"

"नहीं।"

"तब तुम यहां क्या कर रहे हो?"

"देखते नहीं, मैं अपना काम पूरा कर रहा हूं। तुम यह तो चाहोगे नहीं कि मैं बीच ही में अपना काम छोड़ दूं।"

पाश्चर का वैवाहिक जीवन पूरी तरह सुखी रहा। यद्यपि उसकी 'हर समय काम में पिले रहने की आदत' के लिए मेरी कभी-कभी उसे दो-चार बातें सुना देती, परंतु यह कहकर कि 'मेरे साथ तुम्हारा भी यश फैलेगा,' पाश्चर उसे खुश कर देता।

लेकिन एक वैज्ञानिक की पत्नी का जीवन सरल नहीं होता। मेरी को यश के साथ दुःख भी मिला। पाश्चर जैसे तरुण वैज्ञानिक के बहुत-से शत्रु पैदा हो गए। कम प्रतिभावाले दूसरे वैज्ञानिक उससे ईर्ष्या करने लगे।

वह रसायनशास्त्र से प्राणिशास्त्र में जाकर परीक्षण करने लगा। अपने मित्र चाप्पुइस को उसने लिखा : "जीवन और मृत्यु की पहेली का मैं हल ढूंढ़ना चाहता हूं और जल्दी ही मैं इस क्षेत्र में महत्त्वपूर्ण खोज करनेवाला हूं। मैं 'जीव-उत्पत्ति'

जैसे महत्त्वपूर्ण प्रश्न का हल खोज निकालनेवाला हूं।"

वास्तव में जीव-उत्पत्ति का प्रश्न एक विकट प्रश्न था। जीव-उत्पत्ति के बारे में लोगों के मन में परंपरा से अंधविश्वासी मान्यताएं अपनी जड़ें जमाए बैठी थीं। उन जड़ों को उखाड़ फेंकना कोई आसान काम नहीं था। लेकिन पाश्चर अपने प्रयोगों पर डटा रहा। दूसरे वयोवृद्ध वैज्ञानिक पाश्चर के मुकाबले में उतर आए। उसका सबसे अधिक विरोध दो आदमियों—राउएन के 'नेचुरल हिस्ट्री म्यूजियम' के डाइरेक्टर प्रो. पौरवेट और तुलुस विश्वविद्यालय में शरीरशास्त्र के प्राध्यापक निकालस जोली—ने किया। इन महानुभावों ने पाश्चर को गलत साबित करने के लिए तथाकथित कुछ प्रयोग किए।

पाश्चर ने अपने पिता को लिखा : "पौरवेट और जोली जो भी कहते हों, अंत में जीत मेरी ही होगी। उन्हें परीक्षण करना नहीं आता। यह कोई सरल कला नहीं है। इसके लिए कुछ प्राकृतिक गुणों के अतिरिक्त, एक लंबे अनुभव की आवश्यकता होती है।"

पाश्चर के विरोधी उसका खुलेआम मजाक करने लगे। पाश्चर को वे 'सर्कस का बहुरुपिया, धोखेबाज और मसखरा' तक कहने लगे थे। पाश्चर इन सबको सहन करता गया। उसने अपनी पत्नी से कहा : "एक वैज्ञानिक को हमेशा यही सोचना चाहिए कि आनेवाली शताब्दियों में संसार उसके बारे में क्या सोचेगा? वर्तमान के अपमान और तिरस्कार की उसे तनिक भी परवाह नहीं करनी चाहिए।"

अंत में जीव-उत्पत्ति का यह सवाल प्रमुख वैज्ञानिकों के एक मंडल को सौंप दिया गया। एक लंबे विचार-विमर्श के बाद इन वैज्ञानिकों ने पाश्चर के सिद्धांत का ही समर्थन किया : "केवल 'जीव' से ही 'जीव' का निर्माण संभव है।"

'जीव-उत्पत्ति' को समझ लेने के बाद पाश्चर 'जीव-सुरक्षा' के क्षेत्र में उतरा। फ्रांस के एलाइस प्रांत में रेशम के कीड़ों में एक विचित्र रोग फैल गया था। फ्रांस का रेशम का समूचा व्यवसाय ठप्प हो गया। इस रोग के खात्मे के लिए पाश्चर को बुलाया गया। पाश्चर का फिर विरोध होने लगा। रोग को समाप्त करने में पाश्चर को जितनी ही अधिक देर लगी, यह विरोध उतना ही अधिक बढ़ता गया। "रोग-निदान के बारे में एक रसायनशास्त्री भला क्या जान सकता है?" पाश्चर के पास केवल एक ही उत्तर था—उसका अपना धीरज।

और वास्तव में उसे धीरज की बड़ी आवश्यकता थी। जब वह रेशम के कीड़ों के रोग पर परीक्षण कर रहा था, उन्हीं दिनों उसके एक बड़े बच्चे की मृत्यु हुई, फिर दूसरे की और फिर तीसरे की। उसके एक मित्र ने तब कहा था : "ऐसी परिस्थिति में भी तुम अपने परीक्षणों में लगे हुए हो, यह बहुत ही बड़े साहस की बात है।"

पाश्चर ने उत्तर दिया : "मैं अपने साहस के बारे में तो नहीं जानता; हां, मैं अपने कर्तव्य को अच्छी तरह से जानता हूं।"

हर रोज सुबह के पांच बजे से लेकर रात के ग्यारह बजे तक पाश्चर अठारह घंटे काम करता। उसे पक्षाघात ने घेर लिया, फिर भी उसका मस्तिष्क जागरूक था। बीमारी की इन्हीं शांत घड़ियों में उसे अपनी समस्या का हल मिल गया। 'रेशम के कीड़ों का रोग वंशानुगत होता है', पाश्चर ने निष्कर्ष निकाला कि 'यह रोग एक पीढ़ी के अंडों से दूसरी पीढ़ी के अंडों में पहुंचता रहता है। रोगी अंडों को नष्ट कर दीजिए, आपको रेशम के कीड़ों की स्वस्थ फसल मिलेगी।'

कृषकों ने पाश्चर के इस निष्कर्ष और रोग को दूर करने के तरीके की परीक्षा की। उन्हें अच्छी फसल मिली। एलाइस की जनता ने पाश्चर की एक प्रतिमा बनाकर उसके प्रति अपनी कृतज्ञता प्रकट की।

उसकी खोजों की उपयोगिता के अनुपात में पाश्चर की उम्र बहुत कम थी; वैसे उसे अधिक की अपेक्षा भी न थी। उसका मत था : "यदि कोई वैज्ञानिक केवल निजी लाभ के लिए ही काम करता है, तो वह अपने ऊंचे आसन से नीचे गिर जाता है।"

शराब से संबंधित उसने जो परीक्षण किए, किसी प्रकार के आर्थिक लाभ की आशा के बिना ही किए। शराब में एक प्रकार का 'खट्टापन' आ जाने के कारण फ्रांस का शराब-व्यवसाय में अत्यधिक नुकसान हुआ। सूक्ष्म परीक्षणों से पाश्चर ने पता लगा लिया कि इस खट्टेपन का कारण शराब में पैदा हुए कीटाणु हैं। अब उसके सामने सवाल था—इन कीटाणुओं को कैसे नष्ट किया जाए? पहले उसने बहुत-से 'एंटीसेप्टीन' पदार्थों का उपयोग किया, लेकिन कोई लाभदायक परिणाम नहीं निकला। तब उसने शराब को विभिन्न तापमान तक गरम करना शुरू किया। अंत में उसे अपनी समस्या का हल मिल ही गया। उसने देखा कि यदि शराब 55 डिग्री सेंटिग्रेड तक गरम की जाए, तो कीटाणु तो मर ही जाते हैं और साथ-ही-साथ शराब के गुणों में भी किसी प्रकार का परिवर्तन नहीं आता।

आज जिस 'पाश्चुराइज़ेशन' प्रणाली की बहुत चर्चा है, उस प्रणाली की यही शुरुआत थी। इस प्रणाली द्वारा जल्दी खराब होनेवाले पेय पदार्थों को—खास कर दूध और दूध से बने पदार्थों को काफी समय तक सुरक्षित रखना अब संभव हो गया है।

सन् 1870 में कैसर विलहेल्म प्रथम की सेना ने फ्रांस पर हमला किया। पाश्चर ने अपने देश की सेवा के लिए अपने-आपको पेश किया, परंतु पक्षाघात का कुछ असर अब भी बाकी था। अतः उसे सेवा में भर्ती नहीं किया गया। जर्मन तानाशाही के प्रति अपनी घृणा प्रदर्शित करने के लिए उसने बोन विश्वविद्यालय से मिली अपनी डॉक्टर की सम्मानित उपाधि लौटा दी। उसने फैकल्टी के अध्यक्ष को लिखा : "यह डिप्लोमा वापस ले लीजिए और विश्वविद्यालय के कागज-पत्रों से मेरा नाम काट दीजिए। इसे आप कैसर विलहेल्म की बर्बरता के प्रति एक

फ्रांसीसी वैज्ञानिक का घृणा-प्रदर्शन ही समझिए..."

फैकल्टी के अध्यक्ष का उत्तर मिला : "श्रीमान् पाश्चर! आपने प्रसिया के महान् सम्राट् विलहेल्म का अपमान किया है। आपके घृणित नाम को अपने विश्वविद्यालय के कागज-पत्र-संग्रहालय से अलग रखने के लिए हम आपके इस पत्र को भी वापस लौटा रहे हैं।"

पाश्चर का पुत्र भी फ्रांसीसी सेना में भर्ती हो गया था। जनरल बौरबारी, जिसकी टुकड़ी में पाश्चर का पुत्र सिपाही था, हार चुका था। पाश्चर अपनी पत्नी को साथ लेकर पुत्र की खोज में निकल पड़ा। कहीं से भी पता न चला कि सार्जेंट पाश्चर जिंदा है या मर गया। एक ने बताया : "इस टुकड़ी के बारह सौ आदमियों में से केवल तीन सौ आदमी जिंदा बचे हैं। केवल इतना ही मैं आपको बतला सकता हूं।"

पाश्चर और उसकी पत्नी घोड़ागाड़ी में यात्रा कर रहे थे। एक जगह पर उन्होंने कुछ सिपाहियों को आग तापते देखा। "सार्जेंट पाश्चर?"

"हां, कल हमने उसे देखा है—वह जिंदा है किंतु उसकी हालत बहुत ही खराब है—शेफोइस के रास्ते पर शायद आपको मिल जाए..."

आगे, बर्फ से ढंके इस रास्ते पर एक घोड़ागाड़ी जा रही थी। गाड़ी के भीतर घास पर कंबल से ढका हुआ एक सिपाही लेटा हुआ था। अंधेरे में उसे पहचानना मुश्किल था। वृद्ध पाश्चर ने गाड़ीवाले से पूछा : "क्या तुमने सार्जेंट पाश्चर को देखा है?"

सिपाही ने अपना सिर उठाया, "पिताजी! मां!"

रेशम के कीड़ों और शराब पर परीक्षण करते समय पाश्चर को एक व्यापक सिद्धांत का पता लगा। 'इन सब रोगों का कारण सूक्ष्म जीवाणुओं का होना है। मनुष्य के रोगों पर भी इस सिद्धांत का क्यों न परीक्षण किया जाए?' उसने सोचा।

उन दिनों ऑपरेशन के बाद बहुत-से रोगियों की मृत्यु हो जाती थी। किसी को ऑपरेशन-टेबल पर लिटाने का अर्थ ही यह था कि उसे चिता पर लिटाना। पाश्चर ने चिकित्सा-अकादमी के सदस्यों को बताया : "खुले घाव पर लाखों-करोड़ों कीटाणु आघात करते हैं। ये कीटाणु हवा में होते हैं, सर्जन के हाथों पर होते हैं, जख्म को धोने और बांधनेवाले स्पंजों और पट्टियों में होते हैं, ऑपरेशन के औजारों पर होते हैं।"

फ्रेंच अकादमी के सदस्यों ने जब यह बात सुनी, तो उन्होंने पाश्चर का मजाक उड़ाया। लेकिन स्कॉटलैंड के एक व्यक्ति को पाश्चर की बात जंची। यह व्यक्ति था—जोज़ेफ लिस्टर, जो एडिनबरा विश्वविद्यालय में सर्जरी का प्राध्यापक था। लिस्टर ने पाश्चर की सलाह का अनुकरण किया। उसने ऑपरेशन से पहले हाथ,

औजार, पट्टियां और घाव को कार्बोलिक एसिड से धोया। इसका परिणाम यह हुआ कि दो वर्ष के भीतर ही ऑपरेशन के बाद की मृत्यु-संख्या नब्बे प्रतिशत से पंद्रह प्रतिशत पर उतर आई।

फिर भी फ्रेंच अकादमी के सर्जन बहरे बने रहे। "यह एक नया सिद्धांत था—और कोई भी नया सिद्धांत इतनी आसानी से स्वीकार नहीं किया जा सकता।" उनका तर्क था।

लेकिन पाश्चर भी अपने सिद्धांत को मनवाने के लिए डटा हुआ था : "सर्जरी से प्राप्त तथ्यों ने अब यह असंदिग्ध रूप से सिद्ध कर दिया है कि इन छोटे-छोटे कीटाणुओं के विष के कारण ही बहुत-से रोगी मर जाते हैं।"

एक दिन चिकित्सा-अकादमी का एक सदस्य 'प्रसवताप' पर भाषण दे रहा था। इस ताप से सन् 1864 में अकेले पेरिस के एक अस्पताल में 300 औरतों की मृत्यु हुई थी। वक्ता इस ताप के कारणों पर प्रकाश डाल रहा था।

"बकवास!" पीछे से एक आवाज उठी : "तुम्हारी बताई हुई बातों में से एक भी बात इसका कारण नहीं है, डॉक्टर और नर्सें इसके लिए जिम्मेदार हैं। अस्वस्थ शरीर से डॉक्टर और नर्सें ही स्वस्थ शरीर तक इन कीटाणुओं को ले जाते हैं। माताओं की मृत्यु के लिए यही लोग जिम्मेदार हैं।"

वक्ता ने व्यंग्य से पूछा : "आपको यह कीटाणु कैसा दिखता है?"

पाश्चर बोर्ड पर आया और उसने चॉक हाथ में लेकर बोर्ड पर एक टेढ़ी-मेढ़ी आकृति खींच दी : "ऐसा दिखाई देता है।"

मीटिंग में खलबली मच गई। बुजुर्ग डॉक्टरों ने पाश्चर को गालियां दीं। परंतु तरुण व्यक्तियों ने पाश्चर की बात को समझा। धीरे-धीरे उन्होंने पाश्चर के सुझावों का अनुकरण किया।

पाश्चर ने बाद में एक और भी व्यापक सिद्धांत खोज निकाला—विकट रोग का उसी रोग की कम मात्रा द्वारा इलाज—'विषस्य वित्रमौषधम्', अर्थात् जहर को जहर मारता है।

इस सिद्धांत का भी जबर्दस्त विरोध हुआ। चिकित्सा अकादमी की एक मीटिंग में पाश्चर ने अपने विरोधियों को खूब मूर्ख बनाया। जुले ग्यूरीन नामक एक डॉक्टर अपनी कुर्सी से उठकर पाश्चर की ओर बढ़ा, परंतु लोगों ने उसे बीच में ही रोक दिया।

दूसरे दिन ग्यूरीन ने पाश्चर को 'ड्यूअल' के लिए चुनौती दी। लेकिन पाश्चर ने इनकार कर दिया : "मेरा काम लोगों को जीवन देना है, उन्हें मारना नहीं!"

और तब आई उसके जीवन की सबसे महत्त्वपूर्ण घटना—'हाइड्रोफोबिया का इलाज'—पागल कुत्ते द्वारा काटे हुए आदमी का इलाज। पाश्चर ने पागल कुत्ते की लार पर परीक्षण करके इलाज के लिए इंजेक्शन तैयार किए।

कुछ दिनों बाद उसके पास जोज़ेफ माइस्टेर नामक एक लड़का आया। जोज़ेफ को पागल कुत्ते ने काट खाया था। बस, अब क्या था! पाश्चर को अपने परीक्षणों को सिद्ध करने का मौका मिल गया। लेकिन यह एक जिम्मेदारी का काम था। सफलता न मिली तो? लेकिन पाश्चर को सफलता मिली—हाइड्रोफोबिया पर उसने विजय पाई।

पाश्चर को देश-विदेशों से सम्मान और उपाधियां मिलीं। लंदन में हुए अंतरराष्ट्रीय चिकित्सा-सम्मेलन में फ्रांस की सरकार ने पाश्चर को फ्रांस का प्रतिनिधि बनाकर भेजा।

पाश्चर के सम्मान में 'पाश्चर इंस्टीट्यूट' की स्थापना की गई। उसने इस इंस्टीट्यूट में अपने परीक्षण जारी रखे। पाश्चर के सत्तरवें जन्मदिवस पर देशभर में छुट्टी मनाई गई। सारबोन विश्वविद्यालय ने उसके सम्मान में एक समारोह किया। वह स्वयं अपने भाषण को नहीं पढ़ सका। उसका भाषण उसके पुत्र ने पढ़ा :

"महानुभावो! आपके इस सम्मान से मुझे बेहद सुख मिला। मेरा यह पक्का विश्वास है कि अंत में अज्ञान और कलह पर विज्ञान और शांति की विजय होगी। कुछ क्षणों की दुखद परिस्थितियों से अपने को हतोत्साहित न होने दीजिए—भविष्य की प्रगति में विश्वास रखिए।"

पाश्चर का संसार को यह अंतिम संदेश था।

दिमित्री इवानोविच मेंडेलीफ़

[सन् 1834-1907]

सिर्फ एक नियम, एक तालिका विज्ञान की चहुंमुखी उन्नति में कहां तक सहायक सिद्ध हो सकती है, इसका सर्वोत्तम उदाहरण है—तत्त्वों के क्रम की तालिका, जिसका आविष्कार मेंडेलीफ़ ने किया था। यह मेंडेलीफ़ की आवर्त तालिका (Periodic Table) के नाम से प्रसिद्ध है। इस तालिका से न केवल तत्त्वों के रासायनिक गुण-धर्म एक जगह इकट्ठे हुए, बल्कि इससे अज्ञात तत्त्वों के गुण-धर्मों की भविष्यवाणी भी संभव हो सकी। सन् 1869 में मेंडेलीफ़ ने इस तालिका को प्रकाशित किया था। तब से आज तक यह तालिका भौतिक और रसायन ज्ञान का महत्त्वपूर्ण केंद्र रही है। इसी तालिका से आधुनिक परमाणु भौतिकशास्त्र और रसायनशास्त्र का विकास हुआ है।

यह आवर्त तालिका हमको बताती है कि तत्त्वों के गुण-धर्म उनके परमाणु-भार द्वारा आवर्तित हैं। मेंडेलीफ़ ने जब यह तालिका बनाई थी तब केवल 75 तत्त्व ही ज्ञात थे। इसलिए उस समय तत्त्वों की बहुत-सी नियमितताओं को देखना

संभव नहीं था। लेकिन मेंडेलीफ़ में इतना बौद्धिक साहस था कि उसने न केवल इन तत्त्वों के अस्तित्व की भविष्यवाणी की, बल्कि उसने इनके मात्रा-संबंधी गुण भी बता दिए।

भविष्यवाणी सदा ही रहस्यमयी होती है। किंतु अज्ञात वस्तुओं की मात्रा की भविष्यवाणी और भी रहस्यमयी जान पड़ती है। इस प्रकार का अनुमान कोई अनुभवी व्यक्ति ही कर सकता है। अधिक विस्तृत और मात्रानुसार भविष्यवाणी के लिए गहरे अध्ययन की आवश्यकता होती है।

जब मेंडेलीफ़ ने आवर्त तालिका बनाई थी, तब इसमें अनेक स्थान खाली थे। वह केवल एक ही खड़े कॉलम में एक ही प्रकार के तत्त्व रखने में समर्थ हो सका था। अब तो सभी खाली स्थान भर गए हैं, और तत्त्वों को 1 से 100 तक (और आगे भी) लगाया जा सकता है। नियमित रूप से तत्त्वों के इस प्रकार लगाए जाने से हमको एक ऐसा गुण मिलता है जो परमाणु-भार से भी अधिक लाभदायक है। इस प्रकार का गुण हर तत्त्व की परमाणु-संख्या होती है, जिससे हाइड्रोजन से लेकर यूरेनियम तक उसका स्थान मालूम हो जाता है। आवर्त तालिका से यह पता चलता है कि समान गुणों वाले तत्त्व दो, आठ, अठारह या बत्तीस तत्त्वों की दूरी पर नियमित रूप से मिलते हैं।

मेंडेलीफ़ का जन्म साइबेरिया के टोबल्स्क शहर में 8 फरवरी, 1834 को हुआ था। 7 वर्ष की उम्र में वह टोबल्स्क के जिमनेशियम में पढ़ने गया। उस समय जिमनेशियमों में लैटिन भाषा के अध्ययन पर अधिक जोर दिया जाता था। किंतु मेंडेलीफ़ की दिलचस्पी गणित, भौतिकशास्त्र, रसायनशास्त्र और भूगर्भशास्त्र-जैसे वैज्ञानिक विषयों में अधिक थी।

सन् 1847 में मेंडेलीफ़-परिवार पर दुःख का पहाड़ टूट पड़ा। पिता की मृत्यु हुई। कुछ दिनों बाद बहन भी चल बसी। दो साल बाद सन् 1849 में दिमित्री ने स्कूल छोड़ दिया। आगे की पढ़ाई की समस्या आ खड़ी हुई। हितैषियों की सलाह से दिमित्री की माता मारिया ने टोबल्स्क छोड़ देने का निश्चय किया और उन्होंने मास्को जाने का तय किया।

दिमित्री को मास्को विश्वविद्यालय में दाखिला नहीं मिल सका। बड़ी मुश्किल से वह सेंट पीटर्सबर्ग के टीचर्स ट्रेनिंग कॉलेज के गणित और विज्ञान विभाग में प्रवेश पा सका। मां अपनी बेटी के साथ उसी शहर में बस गई, ताकि वह अपने बेटे के नजदीक रह सके। किंतु सन् 1850 में उसकी भी मृत्यु हो गई। 18 महीने के बाद उसकी दूसरी बहन लिझा की भी मृत्यु हो गई।

इन सब आपत्तियों के बावजूद दिमित्री अपने अध्ययन में जुटा रहा। रसायनशास्त्र पर वह अधिक जोर देता रहा। अपने विद्यार्थी-जीवन में ही उसने

रसायन में कुछ मौलिक सिद्धांत स्थापित किए। सन् 1854 में मेंडेलीफ़ ने 'आइसोमोर्फ़िज्म' पर नए शोध प्रकाशित किए। वह इस समय केवल बीस वर्ष का था। उसने सन् 1855 में कॉलेज में सर्वप्रथम आकर उपाधि हासिल की और स्वर्णपदक भी प्राप्त किया।

अधिक परिश्रम के कारण मेंडेलीफ़ का स्वास्थ्य बिगड़ गया। उसे अस्पताल में भर्ती करा दिया गया, किंतु अस्पताल में भी उसने अपने अध्ययन को चालू रखा। अक्टूबर, 1855 में मेंडेलीफ़ ओडेसा के स्कूल में पढ़ाने गया। यहीं रहते समय उसने 'स्पेसिफ़िक वॉल्यूम्स' पर मास्टर की उपाधि के लिए प्रबंध तैयार किया। स्वास्थ्य-लाभ होने पर सन् 1856 में वह पुनः सेंट पीटर्सबर्ग लौट आया। सन् 1864 में रसायनशास्त्र के प्राध्यापक के रूप में विश्वविद्यालय में उसकी नियुक्ति हुई।

सन् 1865 में मेंडेलीफ़ ने रसायनशास्त्र में डॉक्टर की उपाधि के लिए अपना प्रबंध प्रस्तुत किया। सन् 1867 में कार्बनिक रसायन के प्राध्यापक के रूप में विश्वविद्यालय में उसकी खास नियुक्ति हुई और अगले 23 वर्षों तक वह इस विषय को विश्वविद्यालय में पढ़ाता रहा।

मेंडेलीफ़ न केवल एक महान वैज्ञानिक था, वह एक सफल प्राध्यापक भी था। सन् 1868 में मेंडेलीफ़ के प्रोत्साहन से 'रशियन भौतिकी रसायन सोसाइटी' की स्थापना हुई। सन् 1869 में मेंडेलीफ़ ने 'रसायन के मूलाधार' नामक एक पुस्तक लिखी। आवर्त तालिका के आधार पर उसने रसायनशास्त्र को नए ढंग से इस पुस्तक में प्रस्तुत किया। मेंडेलीफ़ ने स्वयं इस ग्रंथ के बारे में लिखा है : " 'मूलाधार' मेरा प्रिय पुत्र है...मेरे ही रूप में निर्मित। इसमें मेरे अध्यापक-जीवन के अनुभव हैं, और विज्ञान-संबंधी मेरे गंभीर विचार हैं।"

सन् 1860 से 1870 तक के दस वर्षों में मेंडेलीफ़ के निजी जीवन में काफी परिवर्तन हुए। सन् 1862 में उसने फेओझबो निकितिचना लेश्चेवना से विवाह किया। परंतु यह विवाह-संबंध सुखदायक नहीं रहा। सन् 1876 में मेंडेलीफ़ की आना इवानोवना पोपोवा से भेंट हुई। वह आना से प्रेम करने लगा। किंतु पहली पत्नी से तलाक प्राप्त करना आसान नहीं था। चार वर्ष के बाद ही मेंडेलीफ़ आना को अपनी पत्नी बना सका।

मेंडेलीफ़ न केवल रूस का, बल्कि संसार का एक प्रमुख वैज्ञानिक था। फिर भी रूस की विज्ञान अकादमी ने सन् 1880 में उसे अपना सदस्य निर्वाचित नहीं किया। मतदान में वह हार गया।

सन् 1890 में तैंतीस वर्ष बाद शिक्षा-विभाग के अफसरों के साथ मतभेद होने के कारण उसे पीटर्सबर्ग विश्वविद्यालय को छोड़ देना पड़ा।

इसी वर्ष नौसेना-विभाग ने बिना धुएं की बारूद बनाने के लिए मेंडेलीफ़ को निमंत्रित किया। अगले वर्ष तक मेंडेलीफ़ ने एक नए किस्म की बारूद बनाई।

सन् 1894 में मेंडेलीफ़ ने नौसेना-विभाग भी छोड़ दिया।

अपने बुढ़ापे के दिनों में मेंडेलीफ़ ने रूस की माप-तौल प्रणाली में काफी सुधार किए। सन् 1892 में सरकारी माप-तौल विभाग में मेंडेलीफ़ की नियुक्ति हुई। सन् 1899 में रूस में मीट्रिक प्रणाली की शुरुआत कराने में मेंडेलीफ़ को सफलता मिली।

समय गुजरता गया। वर्ष बीतते गए। मेंडेलीफ़ का जीवन बुढ़ापे की देहरी पर आ खड़ा हुआ। हालांकि उसे अपने जीवन में बहुत-कुछ मिल चुका था, परंतु एक चीज अब भी बाकी थी, जो उसे प्राप्त करनी थी। उसका जीवन घटनाओं से भरा था। वह अपने जीवन के बारे में बहुत-कुछ बताना चाहता था : "प्रकट होने के लिए यह उफन रहा है और इसे छिपाकर मैं पाप का भागी नहीं बनना चाहता। मुझे अपने 'विचारों की बचौती' लिखनी ही होगी। क्या इसे लिखने के लिए मेरे पास पर्याप्त समय है, पर्याप्त इच्छा-शक्ति है?"

मेंडेलीफ़ ने समय व्यर्थ नहीं गंवाया। उसके जीवन का उद्देश्य था : 'काम! काम में ही शांति और सुख खोजो! ये अन्यत्र आपको कहीं भी नहीं मिलेंगे!' और मेंडेलीफ़ ने अपने जीवन के अंतिम दिन तक काम किया। वह अपने हंस गीत 'विचारों की बचौती' में अपने वैज्ञानिक जीवन के अनुभव लिखना चाहता था; रूस की औद्योगिक और सामाजिक व्यवस्था के बारे में अपनी प्रतिक्रियाएं प्रकट करना चाहता था।

उसकी दृष्टि क्षीण होती गई, फिर भी वह काम करता ही गया। अशक्त अर्धांध वह अपने सेक्रेटरी को 'विचारों की बचौती' बोल-बोलकर लिखवाता रहा।

जनवरी, 1907 के शुरू में मेंडेलीफ़ ने माप-तौल विभाग के नए मिनिस्टर फ़िलोसोफ़ोव को सब कार्य समझा दिया। मिनिस्टर को गाड़ी तक पहुंचाते समय मेंडेलीफ़ को ठंडी हवा लग गई। यह हवा उसके जीवन के लिए बहुत ही खतरनाक साबित हुई।

मेंडेलीफ़ के एक रिश्तेदार कापुस्टिना गुबकिना ने उसके अंतिम समय के बारे में लिखा है, जिसमें मृत्यु के पहले मेंडेलीफ़ की उसकी बहन से हुई बातचीत का वर्णन है :

"वह उसके अध्ययन-कक्ष में आई। उसका चेहरा पीला पड़ गया था। चेहरे पर अजीब तरह के भाव थे। हाथ में कलम थी।

'क्या बात है? क्या तुम बीमार हो? अच्छा होगा, यदि तुम लेट जाओ।' बहन ने कहा।

'नहीं, कुछ नहीं है...लो, सिगरेट लो, माशेंका!' मेंडेलीफ़ ने उसकी ओर सिगरेट बढ़ाई।

'न, मुझे डर है कि मेरे यहां सिगरेट पीने से तुम्हें कष्ट न हो।'

'नहीं, मैं भी एक सिगरेट लूंगा...।' और उसने भी एक सिगरेट जलाई। कलम उसके हाथ में ही थी। माशेंका थोड़ी देर बाद दोबारा उस कमरे में आई, परंतु इस बार मेंडेलीफ़ का शरीर कुछ झुका हुआ था। कलम अब भी हाथ में ही थी।"

हृदय-गति बंद होने से 20 जनवरी, 1907 को मेंडेलीफ़ की मृत्यु हो गई।

मेंडेलीफ़ के शव को डोब्रोलीयुबोव, पीझारेव, तुर्गनेव और दूसरे साहित्यिक एवं वैज्ञानिक महारथियों के निकट ही दफनाया गया। शव-यात्रा के आगे-आगे विद्यार्थियों का जुलूस था। सबसे आगे एक बोर्ड पर मेंडेलीफ़ की 'आवर्त तालिका' लिखी हुई थी।

प्रो. ए.एन. बाख ने अपने निबंध 'आवर्त तालिका के 75 वर्ष' में लिखा है : "मेंडेलीफ़ का नाम और कार्य संसार-प्रसिद्ध हो गया है। मेंडेलीफ़ द्वारा आविष्कृत 'आवर्त-तालिका' प्रत्येक रसायनज्ञ के कार्य का एक आवश्यक अंग है। यह तालिका नए ज्ञान के विश्लेषण के लिए एक शक्तिशाली शस्त्र है। विज्ञान की लगभग सभी शाखाओं में इस तालिका की जरूरत पड़ती है।"

मैडम क्यूरी

[सन् 1876-1934]

इतिहास में हमें ऐसे बहुत कम उदाहरण मिलते हैं, जब किसी नारी ने विज्ञान के क्षेत्र में भी कमाल कर दिखाया हो।

हायपातिया (370[?]-418 ई.) शायद संसार की पहली स्त्री थी, जो एक महान् गणितज्ञ थी। अलेक्जेन्ड्रिया की अकादमी में वह अरस्तू और अफ़लातून का दर्शन पढ़ाती थी और उसने एपोलोनियस और डायाफैंटस के गणित पर टीकाएं लिखी थीं। किंतु ईसाइयत से पागल जनता ने उसे गिरजे के सामने जिंदा जला दिया था।

मार्किस एमिली टू चैटले (सन् 1706-1749) ने न्यूटन की 'प्रिंसीपिया' का लैटिन से फ्रेंच में अनुवाद किया और टीका लिखी।

इटली-निवासी मेरी आग्नेसी (सन् 1718-1799) भी एक उच्च-कोटि की गणितज्ञ थी। मेरी लालंडे (जन्म सन् 1768, पेरिस) ने अपने भाई और पति को गणितीय गवेषणा में सहायता दी। मेरी सोमरविले (सन् 1780-1877) इंग्लैंड की

निवासी थी और उसने भौतिकशास्त्र और खगोलशास्त्र पर अनेक पुस्तकें लिखीं। सोफी गेरमाइल (सन् 1776-1831) को वैज्ञानिक अनुसंधानों के लिए सन् 1808 में पेरिस विज्ञान-अकादमी का नेपोलियन पुरस्कार प्रदान किया गया।

रूसी गणितज्ञ सोफ़िया कोवालेवस्काया (सन् 1850-1891) का विज्ञान के इतिहास में प्रमुख स्थान है। जहां तक जीवन-संघर्ष का सवाल है, क्यूरी और कोवालेवस्काया के जीवन में अधिक समानता है।

फिर भी मैडम क्यूरी का स्थान सर्वोच्च है। क्यूरी की खोजों के साथ ही आज के अणुशक्ति-युग का आरंभ होता है। आज 'रेडियो एक्टिविटी' शब्द शिक्षित समाज के प्रत्येक व्यक्ति के लिए सहज और सुलभ हो गया है, परंतु इस शब्द के द्वारा जिस प्राकृतिक क्रिया का बोध होता है, उसकी खोज सबसे पहले क्यूरी-दंपती ने ही की थी। भौतिक और रसायन के क्षेत्र में, चिकित्साशास्त्र के क्षेत्र में, कृषि के क्षेत्र में इस खोज ने बड़ा उपयोगी और लाभदायक काम किया है। पिछले सौ वर्षों में महानतम आविष्कारों में हम 'रेडियो एक्टिविटी' को एक महत्त्वपूर्ण और सम्मानित स्थान दे सकते हैं।

मान्या स्कोडोवस्का (मैडम क्यूरी) का जन्म पोलैंड में हुआ था। उस समय पोलैंड पर रूस के ज़ार का शासन था। मान्या के पिता वासा हाई स्कूल में भौतिकशास्त्र के अध्यापक थे और मां संगीतज्ञ थी। मान्या को पिता की बुद्धि मिली और मां के साथ बचपन से ही उसने प्रायोगिक विज्ञान में योग्यता दिखाई।

मान्या जब दस वर्ष की ही थी, उसकी मां का स्वर्गवास हो गया। ज़ारशाही-विरोधी विचारों के कारण पिता को अध्यापक-पद से हटा दिया गया। परिवार पर मानो पहाड़ टूट पड़ा। चार स्वस्थ शरीरों को भोजन देना, चार बढ़ते शरीरों के लिए कपड़ों की व्यवस्था करना और चार तीव्र बुद्धियों को शिक्षा देना—पिता की शक्ति की सीमा से बाहर की बात थी। उसने अपनी बची हुई संपत्ति को कई धंधों में लगाकर देखा, किंतु कोई लाभ नहीं हुआ।

पिता की तरह बच्चों में भी ज़ारशाही के प्रति नफरत थी। मान्या के स्कूल के रास्ते में किसी ज़ारशाही-समर्थक किंतु देशद्रोही पोलैंड-निवासी की पत्थर की प्रतिमा पड़ती थी। मान्या का यह नियम था कि वह स्कूल जाते समय उस प्रतिमा पर एक बार अवश्य थूक देती। यदि किसी दिन भूल से वह आगे बढ़ जाती, तो याद आने पर वापस लौटकर अपना नियम पूरा कर लेती। उसे उस समय इस बात की भी चिंता नहीं रहती थी कि लौटकर जाने के कारण उसे स्कूल को देर हो जाएगी।

इस छोटी लक्ष्मीबाई ने न केवल अप्रत्यक्ष रूप से, बल्कि प्रत्यक्ष रूप से भी ज़ारशाही के प्रति अपनी नफरत को प्रकट किया। उसकी अध्यापिकाओं में एक थी कुमारी मेयर। स्कोडोवस्का परिवार की लड़कियों से उसे बड़ी चिढ़ थी। किंतु

मान्या उसे मुंहतोड़ जवाब देने में कभी नहीं चूकती थी। इन सबके बावजूद मान्या ने हाई स्कूल की परीक्षा में स्वर्णपदक प्राप्त कर लिया।

मान्या की बड़ी बहन ब्रोन्या उच्च शिक्षा के लिए पेरिस जाना चाहती थी। मान्या की भी यही इच्छा थी। लेकिन उनके पिता की आर्थिक स्थिति ऐसी नहीं थी कि वह उन्हें वहां पढ़ने भेज सकते। ऐसी हालत में मान्या ने ही सुझाव दिया : "जब तक तुम पढ़ती रहोगी, मैं नौकरी करके तुम्हें मदद करूंगी और जब तुम्हारी पढ़ाई खत्म हो जाएगी, तो तुम मेरी मदद करना।"

योजना अजीब थी, फिर भी सफल रही। मान्या खानदानी परिवारों में शिक्षक का काम करती रही, और ब्रोन्या पेरिस में पढ़ती रही। चिकित्साशास्त्र में उपाधि प्राप्त कर लेने के बाद ब्रोन्या ने अपने एक सहपाठी से विवाह कर लिया। अब मान्या की बारी थी।

मान्या सारबोने (पेरिस) विश्वविद्यालय में दाखिल हुई। उस समय उसकी आयु 23 वर्ष की थी। उसने अपने लिए विज्ञान विषय चुना। क्लास में वह हमेशा आगे बैठती और लेक्चर के समाप्त होते ही एकदम गायब हो जाती।

'खूबसूरत केश, आकर्षक आंखें और एक सुंदर और स्वस्थ शरीर होते हुए भी वह किसी से बात नहीं करती,' विश्वविद्यालय के सभी विद्यार्थियों का यही कहना था।

चार वर्ष तक उसने एक संन्यासिनी का-सा जीवन बिताया। पेरिस के लैटिन क्वार्टर में छठी मंज़िल पर उसने एक छोटा-सा कमरा किराए पर ले रखा था। कमरे में न तो रोशनी का कोई अच्छा इंतजाम था और न पानी-गरमी की सुविधा। डबलरोटी, मक्खन और चाय पर वह अपना दिन काटती। कड़ी सरदी के दिनों में भी वह थोड़े कोयले से काम चला लेती और आग के बुझ जाने पर भी वह अपनी गणित की पुस्तकों में जुटी रहती। अपने इन सब कष्टों को उसने अपनी बहन से छिपा रखा था। लेकिन एक विद्यार्थी से ब्रोन्या के पति कासीमीर को मान्या की स्थिति का हाल मालूम हुआ, तो वह उसके पास आया। मान्या पढ़ाई में मग्न थी।

"आज तुमने क्या खाया?"

मान्या ने मुसकराते हुए ऊपर देखा—"आज? मुझे याद नहीं!"

"नहीं मान्या, तुम्हें बताना ही पड़ेगा। बताओ, तुमने आज क्या खाया?"

"ओह, चेरीफल—और सभी-कुछ।"

अंत में मान्या को बताना ही पड़ा। पिछले चैबीस घंटे से वह भूखी थी। उसकी इच्छा के विरुद्ध, कासीमीर उसे अपने घर ले गया। कुछ दिनों तक ब्रोन्या ने मान्या की खूब सेवा की। वह फिर अपने पुराने स्थान पर वापस आ गई।

उसकी दुनिया सिर्फ पुस्तकों तक ही सीमित थी। उसने भौतिकी, रसायन, गणित, काव्य, संगीत, खगोलशास्त्र आदि विषयों का गंभीरता से अध्ययन किया।

विज्ञान के प्रायोगिक पक्ष में उसकी विशेष रुचि थी। मान्या ने एक नहीं, दो-दो विषयों में मास्टर की उपाधि प्राप्त की—सन् 1893 में भौतिकशास्त्र में और सन् 1894 में गणित में।

पोलैंड में थोड़े दिनों की छुट्टी के बाद मान्या फिर पेरिस लौट आई। मान्या पहले एक बार प्यार में धोखा खा चुकी थी। इसलिए अब जीवन में उसे किसी से प्रेम था, तो सिर्फ विज्ञान से।

उस समय पेरिस में पियरे क्यूरी नामक एक तरुण वैज्ञानिक रहता था। उसकी उम्र उस समय पैंतीस वर्ष थी। पियरे और मान्या की प्रथम भेंट सन् 1894 में एक प्रयोगशाला में हुई। प्रथम भेंट में ही दोनों एक-दूसरे के निकट आए। पियरे के लिए वैज्ञानिक शब्दों एवं जटिल फार्मूले को नारी-कंठ से सुनना कितना सुखद था!

कुछ महीनों बाद पियरे ने मान्या के सामने विवाह का प्रस्ताव रखा। किंतु एक फ्रांसीसी से विवाह करना, अपने देश और परिवार को सदा के लिए छोड़ देना मान्या के लिए कठिन था। दस महीनों तक पियरे को मान्या के उत्तर की प्रतीक्षा करनी पड़ी। अंत में उनका विवाह हुआ।

विवाह के बाद, उपहारस्वरूप प्राप्त पैसों से उन्होंने दो बाइसिकलें खरीदीं और वे दोनों फ्रांस के दौरे पर निकल पड़े।

क्यूरी-दंपती ने पेरिस में एक साधारण फ्लैट ले लिया। पियरे ने पिता के द्वारा दिया गया फर्नीचर लेने से इनकार कर दिया। पुस्तकें, दो कुर्सियां, एक लंबी मेज और इस मेज पर विज्ञान की ढेरों पुस्तकें, एक लैंप और फूलों का गुच्छा—बस, यही उनका अध्ययन-कक्ष था।

विवाह के दूसरे वर्ष मान्या का स्वास्थ्य खराब हो गया। उसके पेट में बच्चा था। अपने प्रयोगों के लिए वह खड़ी नहीं रह सकती थी फिर भी गरमी की छुट्टियों में पुनः वे लोग साइकिल-यात्रा पर निकल पड़े। मान्या के पेट में आठ महीने का गर्भ था, फिर भी वह कहती थी कि उसे थकावट महसूस नहीं होती। पियरे का यही ख़याल था कि मान्या एक असाधारण स्त्री है और मानवीय नियम उस पर लागू नहीं होते।

किंतु जल्दी ही क्यूरी-दंपती को अपनी साइकिल-यात्रा स्थगित करनी पड़ी। पेरिस लौटकर मान्या ने एक सुंदर बालिका को जन्म दिया। उस बच्ची का नाम इरेने रखा गया। बाद में अपने माता-पिता की तरह इरेने को भी नोबल-पुरस्कार मिला।

आम तौर पर लोगों का आज भी यही विश्वास है, और संभवतः सही विश्वास है कि पुरुष के कार्य करनेवाली स्त्री न तो सफल पत्नी हो सकती है और न सफल मां। किंतु मान्या ने इस धारणा को गलत साबित कर दिया। वैज्ञानिक और

पारिवारिक जीवन में से एक को चुनने का प्रश्न ही उसके सामने उपस्थित नहीं हुआ। वह घर का सब काम करती, बच्ची की देखभाल करती और प्रयोगशाला में काम भी करती।

सन् 1897 तक मान्या को फेलोशिप मिल चुकी थी। अब उसे डॉक्टर की उपाधि के लिए तैयारी करनी थी और इसके लिए नए विषय का चुनाव करना था। विषय का चुनाव करते समय उसका ध्यान हेनरी बेक्वेरेल के आविष्कार की ओर गया।

बेक्वेरेल ने पता लगाया कि यूरेनियम धातु के कुछ लवण, प्रकाश से प्रभावित हुए बिना अपने-आप, सतत, कुछ अजीब किस्मों की किरणों का वितरण करते हैं। यूरेनियम धातुयुक्त कोई मिश्रण काले कागज से ढककर यदि किसी फोटोग्राफिक प्लेट पर रख दिया जाए, तो वह प्लेट पर निशान बनाएगा। प्रकृति की इसी अद्‌भुत लीला को, बाद में जाकर, क्यूरी ने 'रेडियो एक्टिविटी' का नाम दिया।

यूरेनियम मिश्रणों से विकिरणों के रूप में सतत बाहर निकलनेवाली यह शक्ल कहां से आती है, शोध-कार्य के लिए यह एक महत्त्वपूर्ण प्रश्न था। क्यूरी-दंपती काम में जुट गए।

प्रयोगशाला के लिए स्थान की समस्या सामने आई। अंत में उन्हें एक गोदाम-कमरा मिल गया। क्यूरी ने जल्दी ही पता लगा लिया कि मिश्रण में यूरेनियम और थोरियम से अधिक शक्तिशाली विकिरण है। यह अतिरिक्त शक्ति कहां से आती है? मिश्रण में अवश्य कोई नया शक्तिशाली विकिरणवाला तत्त्व विद्यमान होना चाहिए। नया तत्त्व? लेकिन इसका प्रमाण? पियरे ने अपने प्रयोगों को छोड़कर मान्या का साथ दिया। दो दिमाग और चार हाथ इस नए तत्त्व की खोज में जुट गए।

पिचव्लेंडे नामक कच्ची धातु में यूरेनियम मिलती थी। पिचव्लेंडे से इस नए तत्त्व को अलग करने के लिए जिस साहस की आवश्यकता थी, उसकी कल्पना आप इसी बात से लगा सकते हैं कि पिचव्लेंडे में इस नए तत्त्व का हिस्सा केवल दस लाख में एक था। किंतु आठ वर्ष की जी-तोड़ मेहनत के बाद उन्होंने एक ही नहीं, दो नए तत्त्वों का पता लगा लिया। जुलाई, सन् 1898 में उन्होंने अपनी खोज को प्रकाशित किया। एक तत्त्व का नाम मान्या ने अपने देश पोलैंड के नाम पर 'पोलोनियम' रखा और दूसरे का 'रेडियम'।

लेकिन रेडियम को अभी तक किसी ने देखा नहीं था। इसके गुण-धर्म भी कोई नहीं जानता था। इन तत्त्वों को देखने के लिए क्यूरी-दंपती को चार वर्ष और परिश्रम करना पड़ा। इन तत्त्वों को मिश्रण से अलग करने का तरीका इन्हें ज्ञात था। लेकिन सवाल था अधिक मात्रा में पिचव्लेंडे प्राप्त करने का।

पिचव्लेंडे, जिसमें 'पोलोनियम' और 'रेडियम' छिपा था, बोहेमिया की खानों

में यूरेनियम लवणों को तैयार करने के काम आता था। यह काफी महंगा था, परंतु क्यूरी के हिसाब के अनुसार यूरेनियम को निकालने पर भी पोलोनियम और रेडियम शेष रह जाते थे। पिचव्लेंडे का यह शेष भाग, जिसका वजन एक टन था, उन्होंने आस्ट्रियन सरकार से प्राप्त किया। सन् 1896 से 1902 तक वे इस पिचव्लेंडे पर काम करते रहे। अंत में 45 महीने के अथक परिश्रम के बाद उन्होंने रेडियम प्राप्त कर लिया—एक डेसिग्राम शुद्ध रेडियम।

इस रेडियम के कई उपयोग थे। कैंसर की चिकित्सा के लिए यह आवश्यक समझा गया। बहुत देश इसे तैयार करने की योजनाएं बनाने लगे—खास कर बेल्जियम और अमेरिका। परंतु इस अद्‌भुत तत्त्व को बनाने का सूक्ष्म और जटिल तरीका सिर्फ क्यूरी-दंपती को ही पता था।

एक रविवार की सुबह वैज्ञानिक पति-पत्नी में इस विषय पर बातचीत हुई। पियरे के पास अमेरिकन टेक्नीशियनों का एक पत्र आया था।

पियरे ने मान्या से कहा : "दो मार्ग हैं। एक तो यह कि हम बिना किसी लाभ के अपनी विधि को संसार के सामने प्रकट कर दें..."

"हां, निश्चित रूप से।"

"या हम अपने को 'रेडियम का मालिक' मानकर इस विधि को पेटेंट कर लें।"

मान्या कुछ क्षण तक सोचती रही। तब उसने कहा : "यह असंभव है। ऐसा करना विज्ञान-मंदिर को अपवित्र करना होगा। भौतिकवेत्ता अपनी गवेषणाओं को हमेशा पूर्ण रूप में प्रकाशित करते आए हैं। हमारी खोज का यदि कोई व्यापारिक लाभ है तो वह एक संयोग ही की बात है। इससे हमें लाभ नहीं उठाना चाहिए। और रेडियम तो रोग के इलाज में काम आ रहा है—इससे हम फायदा ही कैसे उठा सकते हैं?"

पियरे ने उसकी बात स्वीकार करते हुए कहा : "आज रात मैं उन अमेरिकनों को चिट्ठी लिखकर उन्हें आवश्यक सामग्री भेज दूंगा।"

जून, 1903 में लंदन की रॉयल सोसाइटी ने रेडियम पर व्याख्यान देने के लिए पियरे को निमंत्रण भेजा। पूरा लंदन रेडियम के इन जन्मदाताओं के दर्शन करना चाहता था। इसी वर्ष रॉयल सोसाइटी ने पियरे और मेरी को प्रसिद्ध डेवी मेडल देकर सम्मानित किया।

10 दिसंबर को स्वीडन की साइंस एकादमी ने क्यूरी-दंपती के लिए नोबल पुरस्कार की घोषणा की। हेनरी बेक्वेरेल भी इस पुरस्कार में भागीदार थे।

इस नोबल पुरस्कार की प्राप्ति के बाद क्यूरी-दंपती की चारों ओर चर्चा होने लगी। मेरी के टेबुल पर टेलीग्रामों का ढेर लग गया। हजारों की संख्या में लोग इनके हस्ताक्षर और चित्र लेने आने लगे। परंतु क्यूरी के शांत जीवन में इससे अशांति फैल गई। सन् 1904 के ग्रीष्म में मेरी ने लिखा : "हमेशा ही भीड़-भक्कड़!

लोग हमारे काम में बाधा पहुंचा रहे हैं। अब मैंने यह निश्चय कर लिया है कि मैं किसी भी आगंतुक से भेंट नहीं करूंगी। फिर भी वे मुझे परेशान करते ही हैं। सम्मान और प्रसिद्धि से हमारा जीवन अव्यवस्थित हो गया है। हमारा शांत और व्यस्त जीवन एकदम चौपट हो गया है।"

एक समय की घटना है। क्यूरी-परिवार एक देहात में टिके हुए थे। एक अमेरिकन रिपोर्टर क्यूरी-दंपती का पता लगाकर उनके यहां पहुंच ही गया। कॉटेज के पास पहुंचने पर उसने देखा कि एक अस्त-व्यस्त तरुण महिला दरवाजे के पास बैठी है।

"क्या तुम इस घर की नौकरानी हो?"

"हां।"

"क्या मालकिन भीतर हैं?"

"नहीं, वह बाहर गई हैं।"

"क्या वह जल्दी लौट आएंगी?"

"नहीं, जल्दी लौटने की आशा नहीं है।"

"क्या तुम अपनी मालकिन के बारे में कोई महत्त्व की बात मुझे बता सकती हो?"

"कुछ भी नहीं। हां, मैं आपको एक संदेश अवश्य दे सकती हूं, जिसे मैडम ने रिपोर्टरों को कह देने का काम मुझे सौंपा है—लोगों के जीवन के बारे में कम जिज्ञासु बनो, जिज्ञासु केवल उनके विचारों के बारे में रहो।"

3 जुलाई, 1905 को पियरे को अकादमी में प्रवेश मिला। इसी बीच सारबोन ने उसे भौतिकशास्त्र के प्राध्यापक के रूप में निमंत्रित किया। परंतु अब भी एक व्यवस्थित प्रयोगशाला की उसकी इच्छा पूरी नहीं हुई थी। 14 अप्रैल, 1906 को पियरे ने लिखा : 'मैडम क्यूरी और मैं साथ-साथ काम कर रहे हैं।' ये शब्द उसकी मृत्यु की तारीख—19 अप्रैल, 1906—से पांच दिन पहले लिखे गए थे। 19 अप्रैल, 1906 को वह साइंस फैकल्टी के प्रोफेसरों द्वारा दिये एक भोज से लौट रहा था। वर्षा हो रही थी। सड़क पार करते समय वह एक घोड़ागाड़ी के नीचे आ गया और तत्काल उसकी मृत्यु हो गई।

जब मान्या को यह दु:खद समाचार मिला, तो बहुत देर तक चुप रहने के बाद उसके होंठ हिले : "पियरे मर गया! मर गया! एकदम मर गया!"

मान्या का जीवनसाथी उससे बिछुड़ गया। उसके जीवन का सुख उससे छीन लिया गया, परंतु उसका काम वैसा ही चलता रहा।

सरकार ने पियरे की मृत्यु के बाद, मान्या को पेंशन देनी चाही, लेकिन उसने पेंशन अस्वीकार करते हुए कहा, "मुझे पेंशन नहीं चाहिए। अपनी और अपने बच्चों की जीविका कमाने के लिए मैं पर्याप्त स्वस्थ हूं।"

13 मई, 1906 को साइंस फैकल्टी की कौंसिल ने सर्वसम्मति से पियरे के स्थान पर मैडम क्यूरी को चुना। किसी उच्च शिक्षा-संस्था में स्त्री को स्थान देने का यह पहला मौका था।

सन् 1911 में मैडम क्यूरी को रसायनशास्त्र में पुनः नोबल पुरस्कार प्रदान किया गया। आज तक किसी भी पुरुष या स्त्री को यह पुरस्कार दो बार नहीं दिया गया है।

मैडम क्यूरी अपने जीवन के अंतिम दिनों तक काम करती रही। लगातार 35 वर्ष तक रेडियम के साथ उसका निकट का संबंध रहा। युद्ध के समय के चार वर्ष तक रेडियम की किरणों का उसके शरीर पर बहुत ही प्रभाव पड़ा। लेकिन क्यूरी ने हल्के बुखार का कोई खयाल नहीं किया।

मई, 1934 में उसे बिस्तर पर लेटना पड़ा और फिर वह बिस्तर से नहीं उठ पाई। उसकी मृत्यु का कारण था—रेडियम। 6 जुलाई, 1934 को मैडम क्यूरी की मृत्यु हुई। पियरे के साथ ही उसे दफनाया गया।

माक्स प्लांक

[सन् 1858-1947]

दूसरे महायुद्ध के आखिरी दौर की, सन् 1944 की घटना है—जर्मनी के बर्लिन शहर की। हिटलर की गुप्तचर पुलिस नोबेल पुरस्कार-विजेता एक प्रख्यात जर्मन वैज्ञानिक के घर पहुंची। पुलिस के साथ था एक कैदी—वैज्ञानिक का बेटा!

"तुम्हारा बेटा 20 जुलाई, 1944 को हेर हिटलर की हत्या की कोशिश के षड्यंत्र में शामिल था। यदि तुम चाहो तो तुम्हारे बेटे की जान बच सकती है। इसके लिए तुम्हें हिटलर के शासन के प्रति अपनी निष्ठा के घोषणापत्र पर हस्ताक्षर करने होंगे।"

विकट स्थिति थी। पचहत्तर वर्ष के उस वयोवृद्ध वैज्ञानिक की सात संतानों में से यही एक बेटा जीवित बचा था। बड़ा बेटा कार्ल प्रथम महायुद्ध में जख्मी होकर मर गया था। बेटियां भी गुजर गई थीं। हिटलर के शासन के प्रति वफादारी की घोषणा के लिए उस वैज्ञानिक पर पहले भी कई बार दबाव डाला गया था, लेकिन उस प्रस्ताव को हर बार उन्होंने ठुकरा दिया था।

अब क्या करें? वैज्ञानिक को निश्चय करने में ज्यादा समय नहीं लगा।

"जाओ, जो चाहे करो। हिटलर के अमानुषिक शासन के प्रति मैं अपनी निष्ठा व्यक्त नहीं करूंगा," वैज्ञानिक ने दृढ़ता से उत्तर दिया।

हिटलर की पुलिस वैज्ञानिक के बेटे को वापस ले गई और उसे फांसी पर चढ़ा दिया गया!

वे वैज्ञानिक थे—माक्स प्लांक, 'क्वांटम सिद्धांत' के संस्थापक। 'क्वांटम सिद्धांत' ने परमाणु और उसके भीतर के अतिसूक्ष्म जगत को समझने में और परमाणु ऊर्जा की प्राप्ति में सर्वाधिक महत्त्व की भूमिका अदा की है। बीसवीं सदी की महान वैज्ञानिक उपलब्धियों में क्वांटम सिद्धांत का वही स्थान है जोकि आइंस्टाइन के आपेक्षिकता के सिद्धांत का है। वस्तुत: क्वांटम सिद्धांत की स्थापना में आइंस्टाइन का भी महत्त्वपूर्ण योगदान रहा है। यह भी कहा जा सकता है कि भौतिक जगत की 'वास्तविकता' को समझने में क्वांटम सिद्धांत आपेक्षिकता के सिद्धांत से भी अधिक कारगर साबित हुआ है।

मगर इन बातों पर हम अलग से विचार करेंगे। यहां हमें यह जानना है कि माक्स प्लांक ने क्वांटम की धारणा को किस तरह जन्म दिया। परंतु उसके पहले इस महान वैज्ञानिक के जीवन पर भी दृष्टिपात करना आवश्यक है।

माक्स कार्ल एन्सर्ट लूटविख प्लांक का जन्म उत्तरी जर्मनी के कील नगर में 23 अप्रैल, 1858 को हुआ था। उस समय बाल्टिक सागरतट का यह कील नगर डेनिश बंदरगाह था। माक्स के पिता कील विश्वविद्यालय में कानून के प्राध्यापक थे। जब माक्स नौ साल के थे, तो उनका परिवार दक्षिण जर्मनी के म्यूनिख नगर चला आया। वहां पिता ने विश्वविद्यालय में प्राध्यापक का अपना पद संभाला और माक्स हाईस्कूल में दाखिल हुए। वहां माक्स को गणित व भौतिकी के एक बहुत अच्छे अध्यापक मिले—हरमान मुल्लेर। यह उन्हीं की प्रेरणा का परिणाम था कि माक्स ने अपने लिए एक वैज्ञानिक का जीवन-पथ पसंद कर लिया। परिवार ने उन्हें संगीत सीखने के लिए प्रेरित किया और वे एक अच्छे पियानो-वादक बन गए। पियानो-वादन का उनका शौक जीवनभर बना रहा।

हाईस्कूल की पढ़ाई के बाद माक्स प्लांक ने निश्चय किया कि आगे वे सैद्धांतिक भौतिकी को अपने अध्ययन-अन्वेषण का विषय बनाएंगे। उन्होंने पहले म्यूनिख में और बाद में बर्लिन विश्वविद्यालय में पढ़ाई की। बर्लिन में उन्हें हेल्महोल्ट्ज और किरकॉफ जैसे नामी अध्यापक मिले। वहीं से उन्होंने 'डॉक्टरेट' की उपाधि प्राप्त की। फिर वे पहले कील में और बाद में म्यूनिख विश्वविद्यालय में भौतिकी के सहायक प्राध्यापक नियुक्त हुए। अंत में, 31 साल

की आयु में उन्हें बर्लिन विश्वविद्यालय में भौतिकी का प्राध्यापक बनाया गया।

माक्स प्लांक तापगतिकी के सिद्धांत—ऊष्मा विज्ञान—के विशेषज्ञ थे। प्रकाश और ऊष्मा का एक-दूसरे से गहरा संबंध है। ये ऊर्जा के ही दो रूप हैं। बिजली के बल्ब को स्पर्श किया जाए, तो पता चल जाता है कि उसमें ऊष्मा यानी ताप भी होता है। वस्तुतः किसी वस्तु से निकलने वाले प्रकाश के रंग के आधार पर उसके तापमान (या उसकी ऊष्मा) का अंदाजा लगाया जा सकता है, मापन किया जा सकता है। लोहार जब लोहे के किसी औजार को भट्ठी में गर्म करता है, तो पहले वह औजार लाल रंग का होता है, फिर पीला होता है और ताप ज्यादा बढ़ने पर अंत में सफेद रंग का हो जाता है। तात्पर्य यह कि वस्तु के रंग से उसके तापमान का पता चल जाता है।

माक्स प्लांक ने प्रकाश का अध्ययन आरंभ कर दिया। परंतु प्रकाश के स्वरूप को लेकर वैज्ञानिकों में काफी मतभेद था। इसलिए प्लांक की खोज (क्वांटम) को समझने के लिए इसके पहले के इतिहास पर एक नजर डालनी जरूरी है।

आपने देखा होगा, कम-से-कम फिल्मों में, कि कभी-कभी दरवाजे अपने-आप खुल जाते हैं, जैसे कोई जादू हो! परंतु ध्यान से देखने पर पता चलेगा कि सारा खेल प्रकाश-किरण का है। दरवाजे के सामने से एक प्रकाश-किरण गुजरती रहती है। जब उस किरण के मार्ग में कोई बाधा उपस्थित हो जाती है, तो एक मोटर अपने-आप चालू होकर दरवाजा खोल देती है। वस्तुतः यह चमत्कार 'विद्युत आंख' का है।

विद्युत आंख में—और टेलीविजन कैमरा में भी—एक महत्त्वपूर्ण सिद्धांत का इस्तेमाल होता है। इस सिद्धांत का नाम है—प्रकाश-विद्युत फोटो (Photo-electricity)। यह सिद्धांत बताता है कि प्रकाश-किरणें जब धातु की किसी चीज से टकराती हैं तो उसकी सतह से इलेक्ट्रॉन बाहर निकलते हैं। इस तरह प्रकाश से विद्युत का निर्माण होता है। इसी को कहते हैं—प्रकाश-विद्युत।

वर्तमान सदी के आरंभ में प्रकाश-विद्युत की खोज ने वैज्ञानिक जगत में बहुत बड़ी खलबली मचा दी थी। वैज्ञानिकों को प्रकाश के स्वरूप के बारे में नए सिरे से सोचने के लिए विवश किया था।

प्रकाश क्या है? क्या ध्वनि और पानी की तरंगों की तरह प्रकाश की भी तरंगें होती हैं? या यह छोटे-छोटे कणों का प्रवाह मात्र है? आइजेक न्यूटन (1642-1727 ई.) का मत था कि प्रकाश छोटे-छोटे कणों से बना है। मगर उनके समकालीन डच वैज्ञानिक क्रिस्टियन हाइगेन्स (1619-1695 ई.) की मान्यता थी कि प्रकाश वस्तुतः तरंगें हैं। चूंकि न्यूटन की बड़ी ख्याति थी, इसलिए आगे के करीब सौ साल तक उनका मत ही मान्य रहा। फिर न्यूटन के ही देश के तरुण वैज्ञानिक टॉमस यंग (1773-1829 ई.) ने सन् 1801 में

प्रयोगों से प्रमाणित किया कि प्रकाश वस्तुतः तरंगों से ही निर्मित है। मगर महान न्यूटन की मान्यता के सामने यंग के प्रयोग उपेक्षित रह गए। करीब साठ साल गुजर गए और जेम्स क्लार्क मैक्सवेल (1831-1679 ई.) ने यह स्पष्ट किया कि प्रकाश वस्तुतः विद्युत-चुंबकीय विकिरण का ही एक भाग है, तभी 'तरंग सिद्धांत' को नया जीवन मिला, वैज्ञानिक जगत में सम्मान मिला। उन्नीसवीं सदी के अंत तक प्रकाश से संबंधित 85 प्रतिशत घटनाएं 'तरंग सिद्धांत' से स्पष्ट की जा सकती थीं। विद्युत-चुंबकीय तरंगों को पहली बार पैदा करनेवाले जर्मन वैज्ञानिक हैनरिख हट्र्ज (1857-1894 ई.) ने 1889 में घोषणा भी कर दी थी : "तरंग सिद्धांत एक वास्तविकता है।"

परंतु हट्र्ज की घोषणा के महज ग्यारह साल बाद, 1900 ई में, माक्स प्लांक ने काफी संकोच के साथ विचार प्रस्तुत किया कि प्रकाश और उसके साथ ऊष्मा भी, ऊर्जा की कणिकाओं—क्वांटा ('क्वांटम' का बहुवचन)—से निर्मित हैं। इसी विचार के साथ क्वांट सिद्धांत की नींव पड़ी।

लेकिन यह एकाएक नहीं हुआ। इसके लिए माक्स प्लांक कई साल तक सोचते-विचारते रहे। मामला बड़ा पेचीदा था। भौतिकीविदों के सामने कई सालों से एक अनुत्तरित समस्या थी—कोई तप्त पिंड विभिन्न तरंग-दैर्घ्यों में ऊर्जा का उत्सर्जन किस तरह करता है, इसके लिए एक सूत्र खोजना। जो प्रायोगिक आंकड़े उपलब्ध थे, उनसे लगता था कि इस समस्या के समाधान के लिए दो सूत्रों की आवश्यकता है—एक लघु-तरंगों के लिए और दूसरा, दीर्घ-तरंगों के लिए।

प्लांक का पक्का विश्वास था कि प्रकृति में ऐसा भेदभाव संभव नहीं है। वे एक ऐसा सूत्र खोजने में जुट गए जो लघु और दीर्घ, सभी प्रकार के तरंग-दैर्घ्यों पर लागू होगा। अंत में, सन् 1900 के अंतिम दिनों में, उन्होंने ऐसा एक सूत्र खोज ही लिया। परंतु अपने ही सूत्र को देखकर वे अचंभे में पड़ गए। सूत्र साफ बता रहा था कि प्रकाश और ऊष्मा का बहाव सतत नहीं होता, बल्कि छोटे-छोटे 'पुंजों' अथवा 'कणिकाओं' में होता है। अन्य शब्दों में, ऊर्जा के उत्सर्जन और अवशोषण पृथक्-पृथक् कणिकाओं में होता है। प्लांक ने इन पृथक-पृथक् कणिकाओं को क्वांटा (लैटिन शब्द Quanta, जिसका शाब्दिक अर्थ है, 'कितनी मात्रा') नाम दिया।

क्वांटम सिद्धांत की स्थापना की तिथि हमें मालूम है—14 दिसंबर, 1900। उस दिन माक्स प्लांक ने बर्लिन की भौतिकीय सोसायटी के सन्मुख अपना शोध-निबंध पढ़ा। उसमें उन्होंने सूत्र प्रस्तुत किया :

$$E = nhv$$

जहां E ऊर्जा है, h आनुपातिक स्थिरांक है, v (ग्रीक अक्षर 'न्यू') विकिरण की आवृत्ति है और $n = 0, 1, 2, 3, 4$ आदि। इस सूत्र से प्रकट होता है कि

प्रकृति में ऊर्जा का उत्सर्जन और अवशोषण hv के गुणजों में ही होता है। आनुपातिक स्थिरांक h, जिसे बाद में 'प्लांक का स्थिरांक' कहा गया, अत्यंत लघु है : $E = 6.626196 \times 10^{-34}$ जूल-सेकंड।

इस सूत्र की विचित्र बात यह है कि इसमें प्लांक ने V अक्षर का प्रयोग तरंगों की 'आवृत्ति' के अर्थ में किया है। इस आवृत्ति (एक सेकंड में उत्सर्जित तरंगों की संख्या) शब्द का प्रयोग ऊर्जा के सातत्य वाले पुराने तरंग-सिद्धांत में भी होता था। परंतु प्लांक के सूत्र में यही शब्द ऊर्जा के कणिकीय स्वरूप वाले क्वांटम सिद्धांत को प्रतिपादित करने के लिए किया गया है! अत: सन् 1900 में बहुत कम भौतिकीविद् माक्स प्लांक के इस सूत्र को ठीक से समझ पाए थे (शुरू में आप भी समझ न पाए तो इसमें चिंता की कोई बात नहीं है)! आरंभ में स्वयं प्लांक भी अपने इस सूत्र और इसमें अंतर्निहित क्वांटम की धारणा के प्रति एक प्रकार की दुविधा की स्थिति में रहे हैं।

परंतु क्वांटम की धारणा का उपयोग करके सन् 1905 में जब आइंस्टाइन (1879-1955 ई.) ने प्रकाश-विद्युत प्रभाव (photo-electric effect) की व्याख्या की और सन् 1913 में नील्स बोर (1833-1962 ई) ने परमाणु के नए प्रतिरूप (मॉडल) का प्रतिपादन किया, तो माक्स प्लांक के सूत्र और सिद्धांत को काफी प्रतिष्ठा मिली। सन् 1915 में अमेरिकी वैज्ञानिक रॉबर्ट मिलिकान (1868-1953 ई.) ने एक प्रयोग करके प्लांक के स्थिरांक (h) के लिए जो मान प्राप्त किया, वह ठीक वही निकला जो कि प्लांक ने सन् 1900 में प्राप्त किया था।

अंत में माक्स प्लांक के सिद्धांत को वैज्ञानिक जगत में मान्यता मिल गई। 'क्वांटम' की स्थापना के पूरे 18 साल बाद इसके संस्थापक माक्स प्लांक को 1918 में भौतिकी का नोबेल पुरस्कार प्रदान किया गया। आज हम जानते हैं कि क्वांटम सिद्धांत के सहारे ही परमाणु और उसके भीतर के अतिसूक्ष्म जगत को ठीक से समझा जा सकता है। यह एक महान उपलब्धि है, क्रांतिकारी सिद्धांत है।

सन् 1927 में माक्स प्लांक बर्लिन विश्वविद्यालय से सेवामुक्त हुए। उस समय तक वे जर्मन विज्ञान के एक शिखर पुरुष बन गए थे। आइंस्टाइन 1913 में ही बर्लिन पहुंच गए थे। दोनों गहरे मित्र बने। सैद्धांतिक भौतिकी और संगीत में दोनों की ही गहरी दिलचस्पी थी। उस समय बर्लिन शहर सैद्धांतिक भौतिकी का एक विख्यात विश्वकेंद्र बन गया था।

मगर सन् 1933 से जर्मनी का राजनीतिक माहौल तेजी से बदलता गया। जर्मनी के यहूदी वैज्ञानिकों पर नाजियों के अत्याचार शुरू हो गए। प्लांक के आइंस्टाइन और श्रोडिंगेर जैसे मित्रों को जर्मनी छोड़कर जाना पड़ा। प्लांक परेशान थे। वह समझते थे कि इससे दुनिया में जर्मन विज्ञान की साख गिर जाएगी। उन्होंने हिटलर से बात की। मगर हिटलर का जवाब था : "कुछ साल तक जर्मनी में वैज्ञानिक

अनुसंधान न हो, तब भी चल जाएगा।" इतना ही नहीं, चुन-चुनकर नस्लवादी (तथाकथित 'विशुद्ध आर्य' नस्ल के) वैज्ञानिकों को वैज्ञानिक संस्थानों के उच्च पदों पर बिठाया जा रहा था। उदाहरण के लिए, प्लांक के प्रयासों से अस्तित्व में आई जर्मनी की प्रख्यात कैंसर विलहेल्म इंस्टीट्यूट का अध्यक्ष-पद सन् 1939 में नाजी पार्टी के एक सदस्य वाल्हेन को सौंप दिया गया। उसने संस्थान को पार्टी के अड्डे में बदल डाला!

माक्स प्लांक असहाय थे, बेहद दुखी थे। लिखते भी हैं: "मैं अपने दुःख को शब्दों में व्यक्त नहीं कर सकता।" सन् 1909 में पहली पत्नी के गुजर जाने के बाद उन्होंने दूसरा विवाह किया था। पहली पत्नी से चार बच्चे थे; दूसरी से तीन और आ गए। मगर उनकी मृत्यु तक उनमें से कोई भी जीवित नहीं रहा। बड़ा बेटा कार्ल प्रथम महायुद्ध में जख्मी होने के बाद मर गया। दोनों जुड़वां बेटियां बच्चों को जन्म देते वक्त गुजर गईं। दूसरे बेटे एरविन का क्या हश्र हुआ, यह आरंभ में हम देख ही चुके हैं। इतना ही नहीं, दूसरे महायुद्ध के दौरान बर्लिन पर जो बमबारी हुई, उसमें प्लांक का मकान और उनका पुस्तकालय पूरी तरह नष्ट हो गया; प्लांक और उनकी दूसरी पत्नी बाल-बाल बच गए!

महायुद्ध के बाद जर्मनी में धीरे-धीरे विवेक और स्थिरता का वातावरण लौटने लगा। जर्मनी के बुद्धिजीवियों ने माक्स प्लांक का 90 जन्म-दिवस भव्य स्तर पर मनाने की एक योजना बनाई। मगर प्लांक उस सम्मान से वंचित ही रह गए। जन्मदिन के छह महीने पहले—4 अक्टूबर, 1947 को—उनका देहांत हुआ। उसके कुछ ही दिन बाद कैंसर विलहेल्म इंस्टीट्यूट को 'माक्स प्लांक इंस्टीट्यूट' का और जर्मनी के सबसे महत्त्वपूर्ण वैज्ञानिक पुरस्कार को 'माक्स प्लांक पदक' का नाम दिया गया।

माक्स प्लांक इन सम्मानों के लिए सर्वथा योग्य थे, क्योंकि विज्ञान के इतिहास में वे एक ऐसे व्यक्ति थे जिनके सिद्धांत से, न केवल परमाणु-जगत के बारे में व्यापक जानकारी मिली, अपितु दो पुरानी धारणाओं—तरंग और कणिका की धारणाओं—में सामंजस्य स्थापित करना भी संभव हुआ। क्वांटम की धारणा ने आधुनिक भौतिकी के प्रत्येक पहलू को प्रभावित किया है। जर्मनी के गॅटिंगन शहर में बनी माक्स प्लांक की समाधि के शिलापट्ट पर उत्कीर्ण है :

प्लांक का स्थिरांक

$h = 662.10^{-27}$ अर्ग-सेकंड।

अल्बर्ट आइंस्टाइन

[सन् 1879-1955]

न्यूयॉर्क शहर में रिवरसाइड नाम का एक प्रसिद्ध गिरजाघर है। इस गिरजाघर की सफेद दीवारों पर 600 महान विभूतियों की प्रतिमाएं खुदी हुई हैं। इनमें संत हैं, महात्मा हैं, दार्शनिक हैं, राजा-महाराजा हैं और वैज्ञानिक भी हैं। यहां पर प्रदर्शित 14 वैज्ञानिकों में आइंस्टाइन ही एकमात्र ऐसे व्यक्ति थे, जिनकी प्रतिमा उनके जीवनकाल में ही बना दी गई थी।

आपके मन में सवाल उठ सकता है कि आइंस्टाइन की प्रतिमा को इतना महत्त्व क्यों दिया गया है? इसके पीछे एक बहुत ही रोचक घटना है। जब वैज्ञानिकों के कक्ष के लिए चुनाव का प्रश्न सामने आया, तो डॉ. फास्टिक ने देश-विदेश के प्रमुख वैज्ञानिकों को पत्र लिखकर कहा था कि वे विज्ञान के क्षेत्र में सर्वश्रेष्ठ 14 वैज्ञानिकों की सूची भेजें। अधिकतर सूचियों में आर्किमीदिज़, यूक्लिड, गैलीलियो, न्यूटन जैसे महान वैज्ञानिकों के नाम थे। परंतु प्राप्त सूचियों में एक भी ऐसी सूची नहीं थी, जिसमें कि आइंस्टाइन का नाम न हो। घटना सन् 1885 की है। मूनिख

(जर्मनी) के एक स्कूल में प्राइमरी क्लास का अध्यापक एक बालक की ओर इशारे करके कहता है : "यह लड़का एकदम मूर्ख है। उसकी तरफ तो देखो, छोटी-छोटी बातों को भी वह नहीं सीख सकता!"

क्लास के सभी बालकों ने अल्बर्ट की ओर देखा। वह पीछे की सीट पर चुपचाप बैठा था। अध्यापक आगे बढ़ा : "अल्बर्ट, मैंने तुमसे सवाल पूछा है, जल्दी जवाब दो!"

अल्बर्ट ने कोई जवाब नहीं दिया, जैसेकि उसने कुछ सुना ही न हो!

बालक आइंस्टाइन को फिर सज़ा दी जानेवाली थी। स्कूल के दूसरे बच्चे बेहद खुश थे, क्योंकि वे अल्बर्ट से नफरत करते थे। वह यहूदी जो था।

अध्यापक की कड़ी आवाज सुनाई दी, "खड़े रहो! चलो! उस हॉल में जाओ और दोपहर तक वहीं खड़े रहो!"

अल्बर्ट को आराम मिला। यह हॉल हालांकि कुछ अधिक ठंडा था, और उसे दो घंटे यहां पर खड़ा रहना था, लेकिन सवालों का जवाब देने की अपेक्षा यहां पर खड़े रहना उसे पसंद था। यह बात नहीं कि अल्बर्ट जवाब नहीं दे सकता था, किंतु एकदम जवाब देना उसके लिए संभव नहीं था। उसकी आदत थी कि कुछ भी उत्तर देने के पहले वह उस पर हर पहलू से सोचता था और इसमें समय लगता था। लेकिन अध्यापक तो तुरंत जवाब चाहता था और अल्बर्ट के लिए यह असंभव था।

अल्बर्ट की उम्र उस समय छह वर्ष थी। मूनिख शहर से 85 मील पश्चिम की ओर उल्म शहर में 14 मार्च, 1879 को उसका जन्म हुआ था। जब वह एक वर्ष का शिशु था, उसके माता-पिता मूनिख चले आए थे।

दोपहर तक अल्बर्ट उस ठंडे हॉल में खड़ा रहा, किंतु घर लौटने पर वातावरण दूसरा ही था। चार वर्ष की छोटी बहन माया उससे चिपक गई। मां ने उसके लिए ताजा गरम भोजन परोसा। दिन-भर स्कूली जेल में बिताने के बाद घर लौटना अल्बर्ट के लिए अत्यधिक प्रसन्नता की बात थी। हरमैन और पौलिन आइंस्टाइन अपने बेटे को बेहद प्यार करते थे। अल्बर्ट की मंद गति से वे स्वयं चिंतित थे। जिन छोटी-मोटी बातों में अधिकांश बच्चे बहुत तेज होते हैं और धमाचैकड़ी मचाते हैं, अल्बर्ट को वे पसंद नहीं थीं। वह अकेले रहना और अकेले ही सोचना अधिक पसंद करता था।

आइंस्टाइन परिवार के कई रिश्तेदार थे। एक दिन चाचा रुडी ने कहा : "अल्बर्ट बहुत ही शांत रहता है। देखो, दूसरे बच्चे कैसे हंस रहे हैं, एक-दूसरे को चिढ़ा रहे हैं! मेरी बच्ची इल्सा भी उसी की उम्र की है, किंतु किस तरह से प्रसन्न है! लेकिन अल्बर्ट? वह केवल चुपचाप बैठता है और दूर तक नदी को देखता रहता है।"

पौलिन आइंस्टाइन अपने बेटे की रक्षा के लिए हमेशा तैयार रहती थीं : "वह

चुपचाप है, क्योंकि वह सोच रहा है। एक दिन देखना, वह प्राध्यापक होगा।"

चाचा रुडी हंस दिए। प्राध्यापक! क्या मजाक है! अत्यधिक तेज और बुद्धिमान लड़के ही प्राध्यापक बनने की आशा रख सकते हैं। लेकिन अल्बर्ट तो...नहीं, परिवार के सभी व्यक्तियों को एकमत रहना चाहिए। वे सभी अल्बर्ट को चाहते थे।

एक दिन अल्बर्ट के पिता व्यापार के सिलसिले में शहर गए। एक दुकान में उन्होंने कम्पास देखी—हां, अल्बर्ट को यह चीज पसंद आएगी। यह छोटा डिब्बा, इस कांपते हुए कांटे के साथ, अल्बर्ट का मन मोह लेगा।

"बेटा, देखो, मैं तुम्हारे लिए क्या लाया हूं! एक अद्‌भुत डिब्बा और इसमें है एक जादुई कांटा। डिब्बे को तुम किसी भी दिशा की ओर मोड़ो, परंतु यह कांटा केवल एक उसी दिशा की ओर रहेगा।"

अल्बर्ट ने वह डिब्बा अपनी हथेली पर रखा। उसने डिब्बे को कई दिशाओं में मोड़ा, किंतु कांटा हमेशा एक ही दिशा की ओर रहा।

"चुंबक...चुंबक...क्या?" बालक अल्बर्ट के लिए यह शब्द एकदम नया था।

"नाम कुछ भी क्यों न हो, उससे कोई मतलब नहीं। बस, इतना जान लो कि कोई अदृश्य शक्ति है जिसके कारण यह कांटा हमेशा एक ही दिशा की ओर रहता है।"

"लेकिन पिताजी, यह कांटा एक ही दिशा में क्यों रहता है?"

"चाचा जैक से पूछ लो, वह तुम्हें बताएगा।"

जैक हरमैन आइंस्टाइन के भाई थे। दोनों मिलकर विद्युत-यंत्रों का व्यापार करते थे। जैक इंजीनियर थे और वही अल्बर्ट के अनेक प्रश्नों का उत्तर दे सकते थे।

इस कम्पास डिब्बे ने बालक अल्बर्ट की विचार-शक्ति को तेज कर दिया। पहली बार उसने अनुभव किया कि प्रकृति में कुछ ऐसी चीजें भी हैं, जो देखी नहीं जा सकतीं।

जिस दिन पॉलिटेक्निक से आइंस्टाइन ग्रेजुएट हुए, उसी दिन उन्हें घर से पत्र मिला कि अब आगे उन्हें आर्थिक सहायता नहीं दी जाएगी। आइंस्टाइन के सामने एक विकट समस्या आ खड़ी हुई। उन्हें शौक के लिए रुपया नहीं चाहिए था, लेकिन आदमी को खाने और पहनने के लिए कुछ इंतजाम तो करना ही पड़ता है। और फिर मिलेवा भी जल्दी-से-जल्दी श्रीमती आइंस्टाइन बनना चाहती थी।

अंत में आइंस्टाइन ज्यूरिख पॉलिटेक्निक में दाखिल हुए। यहां पर आइंस्टाइन का जीवन साधारण ही रहा। किसी को भी इस बात का आभास नहीं हुआ कि उनके बीच एक महान पुरुष विद्यमान है। यहां पर प्राध्यापकों में एक थे मिंकोवस्की

महाशय। उन्हें अल्बर्ट की प्रतिभा का कुछ-कुछ अंदाजा लग गया था। मिंकोवस्की महाशय उच्च गणित पढ़ाते थे। उन्होंने अल्बर्ट को अपनी क्लास अटेंड करने को कहा। कुछ वर्षों बाद मिंकोवस्की ने ही आइंस्टाइन को उनकी गणितीय गवेषणाओं में सर्वाधिक मदद दी।

यहां पर आइंस्टाइन के मित्रों में मार्सेल ग्रासमान नामक एक सज्जन भी थे। दोनों मित्र एक रेस्तरां में बैठे बातचीत कर रहे थे।

"अगले सप्ताह हमारी परीक्षा है," ग्रासमान ने कहा।

"हां, परीक्षा! मैं इससे कितना भयभीत हूं! यह परीक्षा भी कितनी भयानक बीमारी है! रटो और अपने दिमाग में किताबी कूड़ा भरो। मेरे सिर पर तो तलवार लटक रही है। परीक्षा के साथ ही यह रात धड़ से मेरा सिर अलग कर देगी।" आइंस्टाइन ने कहा।

अपने परम मित्र की इस बात से ग्रासमान को दुःख हुअ। उसने आइंस्टाइन को अपने व्यवस्थित रूप से तैयार किए हुए लेक्चर-नोट्स दे दिये। आइंस्टाइन पास हो गए।

आइंस्टाइन के साथ पढ़नेवाली मिलेवा मारिश्च नाम की एक लड़की थी। वैज्ञानिक बातचीत में वह भी लड़कों का साथ देती थी। आइंस्टाइन मिलेवा की ओर आकर्षित हुए। अंत में उन्होंने विवाह का निश्चय कर लिया।

उन्नीसवीं शताब्दी बीत चुकी थी। बीसवीं शताब्दी का श्रीगणेश हुआ। अल्बर्ट आइंस्टाइन 21 वर्ष के हो चुके थे। अब वह स्विट्ज़रलैंड के नागरिक थे। आइंस्टाइन को आशा थी कि कहीं पर उन्हें शिक्षक का काम मिल जाएगा, परंतु कहीं भी कोई जगह नहीं मिली। कहीं पर उन्हें एकदम अस्वीकार कर दिया, कहीं पर भविष्य के लिए आशाएं मात्र मिलीं। आइंस्टाइन सड़कों पर घूमते रहे, अखबारों में नौकरी के कॉलम देखते रहे। अंत में उन्हें नौकरी मिल गई। विटेटथुर के एक स्कूल में भौतिकी के अध्यापक बीमार पड़ गए थे। आइंस्टाइन को उनके स्थान पर जगह मिली। परंतु पहले अध्यापक जब लौट आए, तो आइंस्टाइन की यह नौकरी भी छूट गई।

फिर से वही क्रम शुरू हो गया। वह कोई भी काम करने को अब तैयार थे। परंतु इस दुबले-पतले, गंदे कपड़े पहने हुए आदमी को नौकरी कौन देता? चारों ओर से उन्हें निराशा घेरने लगी।

"यही वह चक्कर है, वही चक्कर, जिसमें मैं कभी फंसना नहीं चाहता था— पैसों का चक्कर। मैं केवल एक सामान्य नौकरी चाहता हूं, ताकि मैं जीवित रह सकूं। इससे अधिक मुझे कुछ नहीं चाहिए। मैं चाहता हूं कि दिक् में दूर एक द्वीप हो, और इस द्वीप में मैं अकेला ही रहूं। वहां पर किसी भी तरह की व्यक्तिगत

आवश्यकताओं के लिए हाथापाई न करनी पड़े। वहां पर केवल विचार और चिंतन महत्त्वपूर्ण माना जाए।"

इसी वक्त उनका पुराना मित्र ग्रासमान उनके काम आया। ग्रासमान के पिता एक प्रभावशाली व्यक्ति थे। उनके प्रभाव से आइंस्टाइन को बेर्न के एक पेटेंट ऑफिस में नौकरी मिल गई। उनकी व्यक्तिगत आवश्यकताएं पूर्ण हो गईं।

लेकिन इस बाहरी दुनिया के भीतर एक और संसार था, जिसका आइंस्टाइन उद्घाटन करना चाहते थे। एक लंबे अरसे से उनके दिमाग में अजीब-अजीब बातें मंडरा रही थीं। दिक् और गति के बारे में ये बातें एकदम नई थीं। आइंस्टाइन इन्हें बातचीत में कभी-कभी 'सापेक्षवाद' का नाम दे देते थे। तब कौन जानता था कि यही 'सापेक्षवाद' शब्द न केवल विज्ञान का, अपितु संपूर्ण मानव-चिंतन का अभिन्न अंग बन जाएगा।

धीरे-धीरे सापेक्षवाद साकार रूप धारण करता गया। जून, 1905 में एक दिन एक तरुण व्यक्ति बेर्न के पोस्ट ऑफिस पहुंचा। उसके हाथ में एक लिफाफा था। इस पर लीपजीग की एक मैगजीन—'आनालेन डेर फ़िज़िक'—का पता लिखा हुआ था। इसके भीतर हाथ से लिखे हुए 30 पृष्ठ थे।

आइंस्टाइन का सिद्धांत प्रकाशित हुआ। बर्लिन, पेरिस, लंदन अर्थात् यूरोप-भर के वैज्ञानिकों ने इसे पढ़ा। यह एक नया सिद्धांत था। वैज्ञानिक इस आइंस्टाइन के बारे में जानने को उत्सुक हो उठे। 'यह आइंस्टाइन किस विश्वविद्यालय में पढ़ता है? किस प्रयोगशाला में इसने परीक्षण किए? पहले इसका नाम क्यों नहीं सुनने में आया?' ये कुछ ऐसे प्रश्न थे जो उनके दिमागों में घूम रहे थे।

आइंस्टाइन की ज्यूरिख विश्वविद्यालय में नियुक्ति हुई। "माया, तुम्हारा मूर्ख लड़का अब विश्वविद्यालय में प्राध्यापक हो गया है।" आइंस्टाइन ने अपनी मां को लिखा।

चारों ओर से आइंस्टाइन पर सम्मानों की वर्षा होने लगी। बड़े-बड़े वैज्ञानिक उनके भाषण सुनने आने लगे। पेरिस में मैडम क्यूरी इस तरुण वैज्ञानिक का भाषण सुनने आई।

सापेक्षवाद के प्रकाशन के बाद आइंस्टाइन की कीर्ति चारों ओर फैल गई। उनको देखने के लिए लोगों की भीड़ लग जाती। कोई उनका बटन तोड़ लेना चाहता था, कोई उनका गुलूबंद छीन लेना चाहता था। स्मृति-चिह्नों के रूप में लोग इन्हें अपने पास रखना चाहते थे।

एक बार, स्टेशन पर उतरते समय, लोगों की भारी भीड़ आइंस्टाइन को देखने आई। इस भीड़ में एक पिता अपने पुत्र का हाथ पकड़े सामने खड़ा था। आइंस्टाइन को दिखाकर उसने अपने बेटे से कहा : "मेरे बेटे, इस दृश्य को कभी न भूलना। तुमने अभी मानव-इतिहास के सबसे बड़े मानव-मस्तिष्क के दर्शन किए हैं।"

लेकिन यही महान मस्तिष्क अपने स्कूली जीवन में सबसे अधिक मंद-बुद्धि ठहराया गया था। यही महान मस्तिष्क हाई स्कूल की परीक्षा में फेल हुआ था।

इसी बीच प्राग विश्वविद्यालय ने आइंस्टाइन को प्राध्यापक-पद के लिए निमंत्रित किया। आइंस्टाइन ने प्राग जाना स्वीकार कर लिया। परंतु थोड़े दिन बाद ही उन्हें फिर अपने पुराने स्कूल पोलिटेक्निक में ज्यूरिख लौट आना पड़ा।

ज्यूरिख में भी वह अधिक दिन नहीं रह सके। बर्लिन की विज्ञान अकादमी ने आइंस्टाइन को आमंत्रित किया। यहां पर पढ़ाने आदि का झंझट नहीं था। गवेषणा के अनुकूल वातावरण था। अकादमी के अध्यक्ष माक्स-प्लांक और दूसरे कई प्रख्यात वैज्ञानिक उनके सहयोगी होंगे।

परंतु एक दूसरी कठिनाई थी। "कभी भी ज्यूरिख नहीं छोड़ूंगी!" मिलेवा ने घोषणा की। आइंस्टाइन अकेले ही बर्लिन गए। बाद में तलाक द्वारा दोनों का संबंध टूट गया। बर्लिन में अपनी एक रिश्तेदार इल्सा से आइंस्टाइन ने दूसरा विवाह कर लिया।

आइंस्टाइन के सापेक्षवाद में काल, दिक्, पदार्थ और ऊर्जा के बारे में जटिल संबंध-सूत्र हैं। सामान्य धारणाओं से ये विचार इतने भिन्न थे कि बहुत-से वैज्ञानिक बिना प्रमाण के इन्हें स्वीकार कर लेने को तैयार नहीं थे। यदि आइंस्टाइन का सिद्धांत सही है, तो सूर्य की दिशा के तारे अपने स्थान से कुछ हटे हुए दिखाई देने चाहिए। सूर्य-ग्रहण के समय ही इस तथ्य का परीक्षण संभव था।

सन् 1919 में इंग्लैंड की रॉयल सोसाइटी ने ग्रहण के अध्ययन के लिए अफ्रीका में एक वैज्ञानिक दल भेजा। एक दिन आइंस्टाइन के पास एक पैकेट पहुंचा। "रॉयल सोसाइटी द्वारा लिये हुए ये ग्रहण-चित्र आए हैं।" इल्सा ने कहा।

आइंस्टाइन ने चित्र देखे, "अद्‌भुत!"

"हां, अब तुम्हारे सिद्धांत के लिए प्रमाण मिल गया है।" इल्सा ने कहा।

"प्रमाण! प्रमाण! नहीं, मेरी रानी मुझे प्रमाण की कोई आवश्यकता नहीं थी। आवश्यकता थी तो केवल उन्हें।"

आइंस्टाइन यहूदी थे और हिटलरशाही में यहूदियों पर जर्मनी में क्या-क्या गुजरी, उससे सभी लोग परिचित हैं। आइंस्टाइन को जर्मनी छोड़कर अमेरिका में शरण लेनी पड़ी। संसार के कई देश आइंस्टाइन को शरण देना चाहते थे, कई विश्वविद्यालय उन्हें अपने विश्वविद्यालय में सम्मानित स्थान देने के लिए उत्सुक थे, परंतु आइंस्टाइन ने न्यूजर्सी, अमेरिका का प्रिंसटन विश्वविद्यालय ही पसंद किया। अपने जीवन के अंतिम दिनों तक आइंस्टाइन प्रिंसटन में ही रहे।

प्रिंसटन में काफी शांति थी और आइंस्टाइन को इसी की चाह थी। उनका ऑफिस भी एकदम सादा था। जब पहली बार वह यहां आए, तो उनसे पूछा गया कि ऑफिस के लिए इन्हें किन-किन वस्तुओं की आवश्यकता पड़ेगी।

"एक ब्लैकबोर्ड, चॉक, एक मेज, दो-चार कुर्सियां। और हां, कूड़े-कचरे के लिए एक टोकरी—बड़ी टोकरी।"

"बड़ी टोकरी?"

"हां," आइंस्टाइन मुसकराए, "...मेरी गलतियों के लिए। आप जानते हैं, मैं बहुत गलतियां करता हूं।"

अगस्त, 1939 में यूरोप से दो वैज्ञानिक आइंस्टाइन से मिलने आए। वे अपने साथ यूरोप की एक महान वैज्ञानिक खोज का समाचार लाए थे। इस खोज का आइंस्टाइन की खोज से गहरा संबंध था। "इस खोज से हम परमाणु बम की संभावना को समझने लग गए हैं, परंतु आवश्यक अनुसंधान के लिए सामग्री नहीं जुटा पा रहे हैं। अमेरिका को इस काम को हाथ में लेना चाहिए। जर्मनी के पहले उसे इस काम को पूरा कर लेना चाहिए। यदि अमेरिका से पहले जर्मनी परमाणु बम का निर्माण कर लेता है तो..." आगंतुकों के चेहरे पर भय छा गया।

आइंस्टाइन बहुत देर तक चुप रहे। "मैं इस परिस्थिति के महत्त्व को समझता हूं। परंतु उपाय क्या है? सरकार को इस बात की सूचना देनी चाहिए।"

"इसीलिए तो हम यहां आए हैं। लेकिन हमें यहां कोई भी नहीं जानता। हमारी बात यहां कोई भी नहीं सुनेगा। यदि आप प्रेसिडेंट रूज़वेल्ट को सीधे लिखें, तो बात बन सकती है।"

आइंस्टाइन ने रूज़वेल्ट को पत्र लिखा। और इस पत्र के साथ ही परमाणु-शक्ति-युग की शुरुआत हुई।

आइंस्टाइन के अंतिम 30 वर्ष 'फ़ील्ड थियरी' के निर्माण में बीते। 18 अप्रैल, 1954 को आइंस्टाइन ने इस संसार से हमेशा के लिए विदा ले ली।

इब्न-सीना

[सन् 980–1037]

वह बूढ़े हो गए थे। उनकी मृत्यु का समय नजदीक आ गया था। जब उन्हें पक्का यकीन हो गया कि मृत्यु एकदम नजदीक है, तो उन्होंने अपने प्रिय शिष्य को बुलाया, और उससे बोले : "ये चालीस बोतलें हैं। इनमें रोगनाशक दवाएं हैं। ये जीवन-भर की मेरी साधना का फल है। जब मेरे दिल की धड़कन रुक जाए, तो तुम इनमें से हर दवा को मेरे बदन में रगड़ना।"

शिष्य ने ठीक वैसा ही किया। और देखिए करिश्मा कि वह बूढ़ा व्यक्ति पुन: जीवित हो गया।

यह महज एक दंतकथा—मध्य-एशिया के महान चिकित्सक और दार्शनिक इब्न-सीना के बारे में ऐसी दर्जनों चमत्कारिक कथाएं प्रसिद्ध हैं। जब कोई व्यक्ति बहुत अधिक मशहूर हो जाता है, तो उसके बारे में ऐसी ही कथाएं चल पड़ती हैं। इब्न-सीना न केवल इस्लामी जगत में बल्कि 'अविसेन्ना' के नाम से यूरोप में भी खूब मशहूर हुए। उन्हें एशिया का अरस्तू माना गया, और चिकित्सा से संबंधित

उनका महान ग्रंथ 'कानून-ए-तिब्ब' यूरोप में कई सदियों तक बाइबल व गीता की तरह सम्मान पाता रहा। अभी कुछ साल पहले 'यूनेस्को' के निर्णय के अनुसार सारे संसार में इब्न-सीना की एक हजारवीं जयंती मनाई गई थी।

अबू अली इब्न-सीना का जन्म बुखारा के पास के अफशाना गांव में 980 ई. में हुआ था। छोटी उम्र में ही इब्न-सीना ने कुरआन, गणित, ज्योतिष, तर्कशास्त्र, चिकित्सा आदि का अच्छा ज्ञान प्राप्त कर लिया था। सिर्फ सत्रह साल की छोटी उम्र में वह राजवैद्य बनाए गए थे। राजवैद्य बनने पर इब्न-सीना ने राज-ग्रंथालय के हस्तलिखित ग्रंथों का गहन अध्ययन किया था।

इब्न-सीना को किसी कारण से बुखारा छोड़ना पड़ा। वह अल्-राजी के जन्म स्थान रय्य पहुंचे और वहां उन्होंने कई पुस्तकें लिखीं। फिर वह हमदान में रहे, दो बार राजवैद्य बने, और दो बार राज्य के वजीर भी बने! दिन में राज-काज देखते, शाम को लिखने बैठ जाते और रातें शराब के नशे में और नाच-गाने की महफिलों में गुजारते। इब्न-सीना ने उमर खैयाम की तरह कुछ रुबाइयां भी लिखी हैं। अंत में हमदान में ही सत्तावन साल की उम्र में 1037 ई. में उनकी मृत्यु हुई।

इब्न-सीना की महान कृति अरबी में 'कानून-ए-तिब्ब' और यूरोप में 'द कैनोन' के नाम से मशहूर है। दस लाख से भी अधिक शब्दों के इस ग्रंथ में इब्न-सीना ने अपने समय तक का सारा चिकित्सा-ज्ञान संकलित कर दिया है। इसमें इब्न-सीना ने मनोचिकित्सा और स्नायु-रोगों की जानकारी दी है, मिट्टी और पानी के जरिए फैलनेवाले रोगों की भी जानकारी दी है। इस ग्रंथ में 760 दवाओं के बारे में सूचनाएं हैं।

'कानून-ए-तिब्ब' का ईसा की तेरहवीं सदी में लैटिन भाषा में अनुवाद हुआ था। अविसेन्ना के इस ग्रंथ की लोकप्रियता का पता इसी से चलता है कि पंद्रहवीं सदी के अंतिम तीस वर्षों में यह सोलह बार छपा था। आगे यूरोप की कई भाषाओं में इस कृति का अनुवाद हुआ और इस पर अनेक टीकाएं लिखी गईं। सत्रहवीं सदी तक यूरोप में चिकित्सा का शायद ही कोई दूसरा ग्रंथ इतना प्रसिद्ध रहा हो। इस्लामी जगत और भारत में आज भी इसका अध्ययन होता है।

अल्-राजी की तरह इब्न-सीना की भी संगीत में गहरी दिलचस्पी थी। इब्न-सीना ने ज्योतिष, भौतिकी और कीमियागीरी के बारे में भी पुस्तकें लिखीं। उनका पक्का मत था कि लोहे व तांबे जैसी सस्ती धातुओं को सोने में बदलना कतई संभव नहीं है।

सुब्रह्मण्यन् चंद्रशेखर

[सन् 1910-1995]

दुनिया में नोबेल पुरस्कार का बड़ा नाम है। हमारे देश में सबसे पहले गुरुदेव रवींद्रनाथ ठाकुर (1861-1941 ई.) को साहित्य का नोबेल पुरस्कार मिला था। नोबेल पुरस्कार पानेवाले दूसरे भारतीय थे चंद्रशेखर वेंकट रामन् (1888-1970 ई.)। इन्हें 1930 ई. में भौतिकी का नोबेल पुरस्कार मिला था। सन् 1979 में तीसरा नोबेल पुरस्कार मदर टेरेसा (1910-97 ई.) को प्राप्त हुआ; यह नोबेल शांति पुरस्कार था। आज ये तीनों विभूतियां हमारे बीच नहीं हैं। फिर 1998 ई. में अर्थशास्त्र का नोबेल पुरस्कार अमर्त्य सेन (जन्म : 1933 ई.) को मिला, जो आज हमारे बीच मौजूद हैं।

इनके अलावा भारतीय मूल के दो और व्यक्तियों को नोबेल पुरस्कार मिले हैं। दोनों ही प्रख्यात वैज्ञानिक हैं। दोनों का जन्म भारत में हुआ। दोनों की सारी आरंभिक पढ़ाई भारत में हुई थी। दोनों आगे के शोधकार्य के लिए विदेश गए और अंत में अमेरिका में जाकर वहां स्थायी रूप से बस गए। ये हैं—हरगोविंद खुराना

(जन्म : 1922 ई.) और सुब्रह्मण्यन् चंद्रशेखर। चंद्रशेखर को भौतिकी का नोबेल पुरस्कार 1983 ई. में मिला था।

चंद्रशेखर खगोल-भौतिकीविद् थे। आकाश के ग्रहों, तारों, मंदाकिनियों आदि के भौतिकीय गुणधर्मों का अध्ययन-अन्वेषण करनेवाले को खगोल-भौतिकीविद् या ज्योतिभौंतिकीविद् (astrophysicist) कहते हैं। पूछा जा सकता है : तारों तक तो हम पहुंच नहीं सकते, फिर वैज्ञानिक इनका अध्ययन कैसे करते हैं?

तारों तक हम पहुंच नहीं सकते, पर तारों का प्रकाश हम तक पहुंचता रहता है। इसी प्रकाश का अध्ययन करके हम तारों के बारे में अनेक बातें जान सकते हैं। हम जान सकते हैं कि कोई तारा हमसे कितना दूर है, कितना बड़ा है, किधर जा रहा है, किस रफ़्तार से जा रहा है; उसमें कितना द्रव्य है, कितनी आग है, वह सिकुड़ रहा है या फैल रहा है; तारा अभी बच्चा है, जवान है, या बूढ़ा हो गया है, इत्यादि।

जो वैज्ञानिक तारों के मामले में इन बातों की खोजबीन करते हैं, उन्हें खगोल-भौतिकीविद् कहते हैं। सुब्रह्मण्यन् चंद्रशेखर ऐसे ही एक प्रख्यात खगोल-भौतिकीविद् थे। उन्होंने तारों के जीवन-क्रम के बारे में बड़े महत्त्व के तथ्य खोजे हैं। उन्होंने पता लगाया है कि तारों का जीवन किस प्रकार आगे बढ़ता है। हां, तारों का भी जीवन होता है, लेकिन खूब लंबा। अरबों साल तक चलता है। तारे भी जन्म लेते हैं, जवान होते हैं, बूढ़े होते हैं, और अंत में बुझ जाते हैं! बड़ी दिलचस्प है तारों की यह जीवन-गाथा।

परंतु पहले हम सुब्रह्मण्यन् चंद्रशेखर के जीवन की कहानी को जानेंगे। इस कहानी से पता चलेगा कि महान वैज्ञानिक बनने के लिए, नोबेल पुरस्कार प्राप्त करने के लिए कितनी कड़ी मेहनत करनी पड़ती है, कितना धैर्य रखना पड़ता है। साधारण आदमियों की तरह वैज्ञानिक भी एक-दूसरे को पछाड़ने में लगे रहते हैं। कभी-कभी तो सही और महान खोज होने पर भी कई साल तक उसकी कोई कदर नहीं होती। चंद्रशेखर की उस खोज के साथ भी ऐसा ही हुआ था, जिसके लिए अंततः उन्हें नोबेल पुरस्कार मिला।

सुब्रह्मण्यन् चंद्रशेखर का जन्म 19 अक्टूबर, 1910 को लाहौर (अब पाकिस्तान) में हुआ था। उस समय उनके पिता चंद्रशेखर सुब्रह्मण्यन् अय्यर (1885-1960 ई.) वहां रेल-विभाग में एक बड़े अधिकारी थे। दरअसल चंद्रशेखर का परिवार वैज्ञानिकों का परिवार है। उनके एक चाचा ने मौसम-विज्ञानी के रूप में नाम कमाया है, और दूसरे चाचा थे नोबेल पुरस्कार-विजेता वैज्ञानिक चंद्रशेखर वेंकट रामन् (1888-1970 ई)।

पत्नी ललिता के साथ सुब्रह्मण्यन् चंद्रशेखर

चंद्रशेखर की स्कूल की पढ़ाई (चेन्नै) में और आगे इंटर और बी ए. (ऑनर्स) की पढ़ाई वहां के प्रेसीडेंसी कॉलेज में हुई। उनकी बुद्धि बड़ी तेज थी और उन्होंने भौतिकी में खोजकार्य करने का निश्चय कर लिया था। सन् 1930 में आगे की पढ़ाई के लिए सरकारी छात्रवृत्ति प्राप्त करके चंद्रशेखर इंग्लैंड पहुंचे और वहां के कैंब्रिज विश्वविद्यालय के ट्रिनिटी कॉलेज में दाखिल हुए। उस समय वह सिर्फ बीस साल के थे। तीन साल के भीतर ही चंद्रशेखर ने वहां से पी-एच.डी. की उपाधि प्राप्त कर ली।

इस बीच डॉ. चंद्रशेखर के कई शोध-निबंध प्रसिद्ध वैज्ञानिक पत्रिकाओं में प्रकाशित हुए। वह आर्थर एडिंग्टन, एडवर्ड मिल्ने, रॉल्फ फाउलर आदि प्रसिद्ध खगोलविदों के संपर्क में आए। उन दिनों आर्थर एडिंग्टन (1882-1944 ई.) का बड़ा नाम था। तरुण चंद्रशेखर अक्सर उनसे मिलते रहते थे और अपने शोध-कार्य के बारे में उनसे चर्चा करते थे।

वह जमाना ही दूसरा था। भारत पर अंग्रेजों का राज था। जो अंग्रेज भारत में आकर यहां हुकूमत चलाते थे, उनका रवैया बड़ा कठोर होता था। भारतीयों के साथ वे बड़ी सख़्ती बरतते थे। पर इंग्लैंड में कुछ दूसरी ही हालत थी। वहां के ज्यादातर अंग्रेज वहां पहुंचे हुए भारतीयों के साथ अच्छा व्यवहार करते थे।

वहां के अंग्रेज विद्वान भारतीय विद्वानों का आदर करते थे। भारत के प्रख्यात गणितज्ञ श्रीनिवास रामानुजन् (1887-1920 ई.) का इंग्लैंड में पहुंचने पर बड़ा गौरव हुआ था।

डॉ. चंद्रशेखर उन दिनों एक नई खोज में जुटे हुए थे। पता चला था कि आकाश में कुछ ऐसे भी तारे हैं जो आकार में तो बहुत छोटे हैं, पर वजन (द्रव्यमान) में बहुत भारी होते हैं; अर्थात्, उनका घनत्व अत्यधिक होता है। इनके एक चम्मच-भर द्रव्य का भार एक हाथी के भार से भी ज्यादा होगा! है न दिलचस्प बात! आकाश में ऐसे अनेक तारे खोजे गए हैं। इन्हें 'सफेद बौने' या 'श्वेत वामन' (White Dwarf) तारे कहते हैं।

हमारा सूर्य भी एक तारा है। आज से करीब पांच अरब साल पहले गैसों के संघनन से हमारे सूर्य का जन्म हुआ था। सूर्य अभी अपनी तरुणाई में है, पर आज से करीब पांच अरब साल बाद यह फैलकर एक बहुत बड़ा लाल तारा यानी 'लाल-दानव' (Red giant) बन जाएगा। तब हमारी पृथ्वी भी इसके उदर में समा जाएगी। उसके बाद यह सिकुड़कर एक 'सफेद बौना' तारा बन जाएगा।

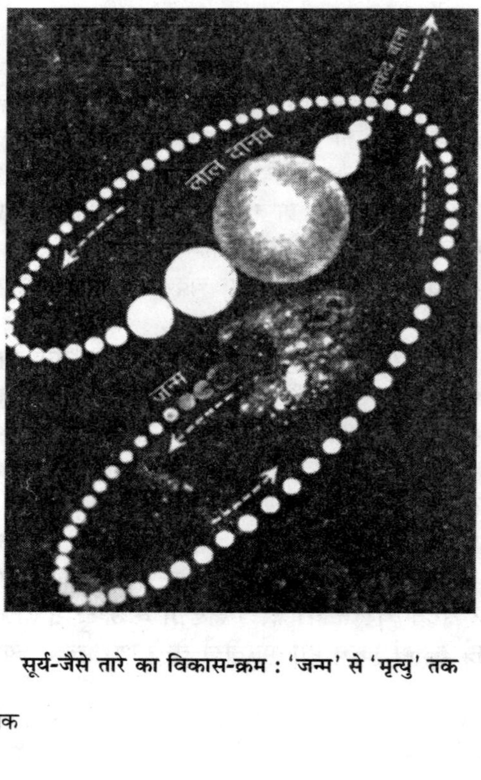

सूर्य-जैसे तारे का विकास-क्रम : 'जन्म' से 'मृत्यु' तक

सन् 1930 में इंग्लैंड जाते हुए समुद्र-यात्रा के दौरान ही चंद्रशेखर ने गणनाएं करके जान लिया था कि किसी तारे के सफेद बौना (श्वेत-वामन) बनने के लिए उसके द्रव्यमान की एक सीमा होनी चाहिए। बाद में द्रव्यमान की इस सीमा को 'चंद्रशेखर सीमा' का नाम मिला।

आज से सत्तर-अस्सी साल पहले खगोलविद् सोचते थे कि आकाश के सारे तारे अंत में सिकुड़कर सफेद बौने (श्वेत-वामन) तारे बन जाते हैं; पर तरुण चंद्रशेखर का दूसरा ही मत था। उन्होंने खोज की कि सभी तारे अंत में बौने तारे नहीं बन सकते। बड़ी कठिन गणनाएं करके उन्होंने पता लगाया कि जिस तारे का द्रव्यमान हमारे सूर्य के द्रव्यमान के करीब सवा गुना तक होता है, वही अंत में जाकर सफेद बौना बन सकता है। लेकिन जिस तारे का द्रव्यमान सूर्य के द्रव्यमान से लगभग डेढ़ गुने से अधिक होगा, वह अंत में सफेद बौना नहीं बनेगा। वह और भी अधिक सिकुड़ता जाएगा, और अंततः न्यूट्रॉन तारा या कृष्ण-विवर (Black hole) यानी एक 'अदृश्य तारा' बन जाएगा।

आकाश में अरबों-खरबों तारे हैं। इनमें बहुत-से तारे हमारे सूर्य से बहुत बड़े हैं, तो कई काफी छोटे भी हैं। डॉ. चंद्रशेखर ने तारों के जीवन-क्रम के बारे में एक नया विचार, एक नया सिद्धांत पेश किया था।

बात जनवरी, 1935 की है। इंग्लैंड की रॉयल एस्ट्रोनॉमिकल सोसाइटी की एक बैठक में चंद्रशेखर को अपनी नई खोज के बारे में एक निबंध पढ़ना था। उस समय वह चैबीस साल के थे। उन्हें बड़ी उम्मीद थी कि उनकी नई खोज का स्वागत होगा, सम्मान होगा।

परंतु उलटी ही बात हो गई। वैज्ञानिकों की उस बैठक में आर्थर एडिंग्टन ने चंद्रशेखर की नई खोज की धज्जियां उड़ा दीं। इससे चंद्रशेखर बड़े निराश हुए, बड़े दुखी हुए। एडिंग्टन जैसे एक नामी वैज्ञानिक ने उनकी खोज का खंडन किया था, इसलिए अपना बचाव करने में भी चंद्रशेखर को दिक्कत हो रही थी।

तो क्या सचमुच चंद्रशेखर की खोज में गलतियां थीं?

नहीं। उनकी खोज सही थी। वह एक महान खोज थी। पर आर्थर एडिंग्टन ने उस समय इस खोज का विरोध किया था, इसलिए आगे के अनेक वर्षों तक चंद्रशेखर की इस खोज को सम्मान नहीं मिला। इससे चंद्रशेखर को बड़ी ठेस पहुंची। लेकिन उन्होंने हिम्मत नहीं हारी। उन्होंने अपनी इस खोज को विस्तार देकर एक पुस्तक लिखी। सन् 1939 में प्रकाशित इस पुस्तक का विषय था : 'तारों की संरचना' (Stellar Structure)।

बाद में, पंद्रह-बीस साल बाद, चंद्रशेखर की उस खोज को सम्मान मिला। उसे सही माना गया। उनकी वह पुस्तक आज सारी दुनिया में मशहूर है। सन् 1983 में डॉ. सुब्रह्मण्यन् चंद्रशेखर को भौतिकी का नोबेल पुरस्कार मुख्य रूप से उनकी

उसी पुरानी खोज के लिए मिला।

है न मजेदार बात! खोज के लगभग पचास साल बाद नोबेल पुरस्कार मिला! इससे साफ पता चलता है कि महान खोज करने पर भी विज्ञान के क्षेत्र में सभी को आसानी से सम्मान नहीं मिलता। इसके लिए कड़ा संघर्ष करना पड़ता है। इस संदर्भ में यह भी ध्यान में रखना जरूरी है कि डॉ. चंद्रशेखर को यह नोबेल पुरस्कार उनकी उस खोज के लिए मिला जो उन्होंने उस समय (1930-35 ई.) की थी, जब वे भारतीय नागरिक थे और भारत सरकार की छात्रवृत्ति पाकर इंग्लैंड में शोध-कार्य करने गए थे।

सन् 1936 में चंद्रशेखर अमेरिका की यात्रा पर गए। उसी वर्ष वे इंग्लैंड से स्वदेश वापस लौटे और पूर्व-परिचित तरुणी ललिता से विवाह कर लिया। चाहने पर भी भारत में उन्हें सम्मान का कोई पद नहीं मिला। इंग्लैंड से भी उनका मन भर गया था। इसी बीच अमेरिका के शिकागो विश्वविद्यालय से उन्हें आमंत्रण आया और सन् 1936 में ही वे सपत्नीक वहां चले गए। पहले वह वहां की येर्केस वेधशाला से जुड़े रहे और फिर शिकागो विश्वविद्यालय में प्राध्यापक नियुक्त हुए। तब से अंतिम दिनों तक डॉ. चंद्रशेखर अमेरिका में ही रहे। अक्टूबर, 1953 में चंद्रशेखर अमेरिका के नागरिक बन गए थे।

पिछले करीब एक सौ सालों में खगोल-विज्ञान ने बड़ी तरक्की की है। आज हम तारों के बारे में अनेक नई बातें जानते हैं। डॉ. चंद्रशेखर की उस बुनियादी खोज से तारों के बारे में नई-नई बातें खोजने में बड़ी मदद मिली है।

आज हम जानते हैं कि आकाश का कोई तारा यदि हमारे सूर्य से काफी बड़ा हो, तो 'सफेद बौना' तारा बनते ही उसका जीवन समाप्त नहीं हो जाता। वह तारा आगे और अधिक सिकुड़ता चला जाएगा। उसका द्रव्य बहुत अधिक घना हो जाएगा। ऐसे तारे को 'न्यूट्रॉन तारा' कहते हैं। हमारे सूर्य से कई गुना भारी होने पर भी न्यूट्रॉन तारे का व्यास मुश्किल से बीस किलोमीटर होगा! हमारे सूर्य का व्यास करीब 14,00,000 किलोमीटर है। न्यूट्रॉन तारे के एक चम्मच द्रव्य का भार 20 करोड़ हाथियों के बराबर होगा!

कुछ तारों का जीवन-क्रम इसके भी आगे जारी रहता है। तारा सिकुड़कर करीब केवल तीन किलोमीटर के आकार का रह जाता है। तब इसके एक चम्मच द्रव्य का भार अरबों टन होता है! इन्हें कृष्ण विवर (Black holes) कहते हैं। ऐसे तारों से प्रकाश की किरणें बाहर नहीं आ पातीं, इसलिए इन्हें देख पाना संभव नहीं है। तारों का संसार सचमुच ही बड़ा विचित्र है।

अनेक खगोलविद् आकाश के पिंडों के बारे में तरह-तरह के आंकड़े एवं तथ्य एकत्र करते हैं। फिर इस तमाम जानकारी के आधार पर व्यापक नियम

खोजने होते हैं। इन्हें ही सिद्धांत कहते हैं। डॉ. चंद्रशेखर खगोल-विज्ञान के एक महान सिद्धांतकार थे। उन्होंने खगोल से संबंधित खोजों के लिए अनेक सिद्धांत पेश किए, कई पुस्तकें भी लिखीं। उन्होंने शिकागो (अमेरिका) से प्रकाशित होनेवाली खगोल-भौतिकी की प्रसिद्ध शोध-पत्रिका (Astrophysical Journal) का 1952 से 1971 ई. तक बड़ी कुशलता से संपादन किया।

डॉ. चंद्रशेखर 1953 ई. में अमेरिका के नागरिक बन गए थे, पर उनका दिल भारत में ही था। उनके सगे-संबंधी भारत में थे। उनकी पत्नी ललिता भारतीय हैं। डॉ. चंद्रशेखर बीच-बीच में भारत आते रहते थे।

भारत सरकार ने 1968 ई. में डॉ. चंद्रशेखर को 'पद्म-भूषण' अलंकरण से सम्मानित किया था। भारतीय राष्ट्रीय विज्ञान अकादेमी ने उन्हें 'रामानुजन् स्वर्णपदक' प्रदान किया। इसके अलावा, अनेक देशों के वैज्ञानिक संस्थानों ने डॉ. चंद्रशेखर को पुरस्कार व पदक प्रदान किए।

डॉ. सुब्रह्मण्यन् चंद्रशेखर का 84 वर्ष की आयु में, 2´ अगस्त, 1995 को शिकागो (अमेरिका) में देहांत हुआ।

नासा (अमेरिका) ने 23 जुलाई, 1999 को एक नए किस्म की दूरबीन अंतरिक्ष में भेजी। दूरबीन का नाम है—चंद्र, डॉ. सुब्रह्मण्यन् चंद्रशेखर का संक्षिप्त नाम। ब्रह्मांड के एक्स-रे स्रोतों की खोज करने के लिए 'चंद्र' दूरबीन को अंतरिक्ष में स्थापित किया गया है। इस दूरबीन ने 2002 ई. में आपस में टकरा रही दो मंदाकिनियों के मध्यभाग में दो सक्रिय कृष्ण-विवरों की खोज की है। इस दूरबीन ने और भी कुछ कृष्ण-विवरों को खोज निकाला है।

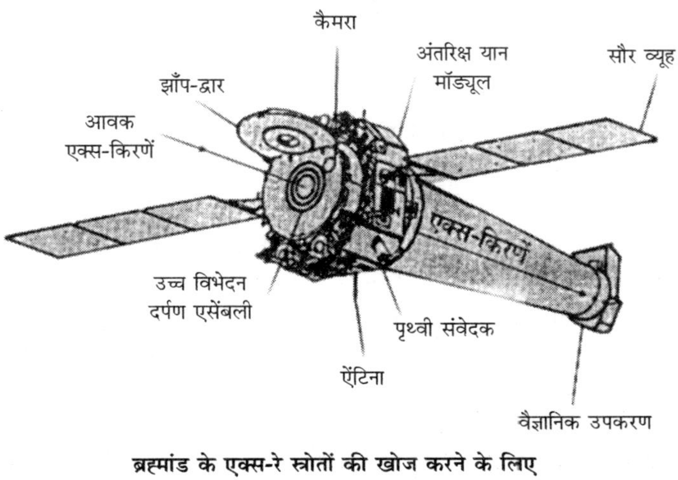

ब्रह्मांड के एक्स-रे स्रोतों की खोज करने के लिए अंतरिक्ष में स्थापित की गई 'चंद्र' दूरबीन

अपने वैज्ञानिक को सम्मानित करने में भारत भी पीछे नहीं रहा। हान्ले (लद्दाख) में 4570 मीटर की ऊंचाई पर स्थापित दूरबीन को 'हिमालय चंद्र दूरबीन' का नाम दिया गया है। अगस्त, 2001 में कार्यरत हुई इस दूरबीन का संचालन सुदूर बेंगलूर से होता है। हान्ले का अनुकूल वातावरण इस दूरबीन को आकाश के अन्वेषण का एक अत्यंत महत्त्वपूर्ण साधन बना देता है।

लाल-दानव, श्वेत-वामन, न्यूट्रॉन तारा, कृष्ण-विवर और श्वेत-विवर

आज यह एक मान्य सिद्धांत है कि प्रमुख रूप से हाइड्रोजन से बने गैसीय मेघों का गुरुत्वाकर्षण के अंतर्गत जब संकुचन होता है, तब तारों का सृजन होता है। इस प्रक्रिया में पैदा होनेवाली गुरुत्वीय ऊर्जा का एक हिस्सा गैस को गर्म करता है और दूसरा हिस्सा उत्सर्जित हो जाता है। इस प्रकार, तापमान जब एक करोड़ डिग्री सेंटीग्रेड को लांघ जाता है, तो तारे के केंद्रभाग में नाभिकीय प्रक्रिया शुरू हो जाती है, हाइड्रोजन का हीलियम में संगलन होकर अपार ऊर्जा पैदा होती है। तारे का सुस्थिर जीवन-क्रम शुरू हो जाता है। अरबों साल तक यह जीवन-क्रम जारी रहता है। हमारा सूर्य आगे के करीब पांच अरब साल तक इसी सुस्थिर स्थिति में बना रहेगा।

जब कई अरब साल बाद तारे के केंद्रभाग का अधिकतर हाइड्रोजन ईंधन हीलियम की 'राख' में बदल जाता है, तब इस केंद्रभाग के नजदीक के बाहरी घेरे में ऊर्जा का उत्पादन जारी रहता है। केंद्रभाग की गुठली का द्रव्यमान समूचे तारे के द्रव्यमान के 12 प्रतिशत हो जाने तक यह सिलसिला जारी रहता है। इस सीमा को लांघते ही तारे का केंद्रभाग और आगे सिकुड़ने लगता है, अधिक ऊर्जा पैदा होती है, हीलियम से आगे बढ़कर भारी तत्त्वों का निर्माण होता है। तारे की बाहरी परतें हजार गुना तक विस्तृत हो जाती हैं। तारा 'लाल-दानव' बन जाता है। करीब पांच अरब साल बाद हमारा सूर्य भी इसी प्रकार एक 'लाल-दानव' बन जाएगा। विस्तृत होकर यह अपने भीतर न केवल शुक्र व पृथ्वी को, बल्कि मंगल ग्रह को भी समेट लेगा!

जब हीलियम व अन्य तत्त्व जलकर 'राख' हो जाते हैं, तब तारे का केंद्रभाग सिकुड़ जाता है, अत्यंत घना हो जाता है। तब एक ऐसी अवस्था आती है जब 'इलेक्ट्रॉनों का दाब' सिकुड़न की इस प्रक्रिया को रोक देता है। तारा बौना होकर श्वेत-वामन की अवस्था पर पहुंच जाता है। ऐसा तारा लगभग हमारी पृथ्वी के आकार का होता है, और इसके एक चम्मच द्रव्य का भार एक हाथी के भार के बराबर होता है। आकाश के सर्वाधिक चमकीले व्याध नक्षत्र का साथी-तारा (Sirius B) एक श्वेत-वामन ही है। खगोलविदों का मत है कि हमारा सूर्य भी अंततोगत्वा श्वेत-वामन बन जाएगा।

तारे का जीवन-क्रम उसकी आरंभिक द्रव्यराशि की मात्रा से नियोजित होता है। डॉ. चंद्रशेखर ने ही पहली बार सिद्ध किया था कि यदि तारे का द्रव्यमान सूर्य

के द्रव्यमान के करीब 1.44 गुना से अधिक हो, तो उसका सिकुड़ना श्वेत-वामन की अवस्था से आगे भी जारी रहेगा (सूर्य से 1.44 गुना द्रव्यनान को चंद्रशेखर-सीमा के नाम से जाना जाता है)। केंद्रभाग में निर्मित उच्च दाब व ताप के कारण नाभिकीय प्रक्रियाएं इतनी तेजी से होती हैं कि ऊर्जा का उत्सर्जन महाविस्फोट के रूप में हो जाता है। परिणामतः तारे का बाहरी कवच अलग फेंक दिया जाता है (सुपरनोवा)। परंतु तारे के केंद्रभाग की गुठली का सिकुड़ना जारी रहता है। इलेक्ट्रॉन, प्रोटॉनों के साथ संयुक्त होकर, न्यूट्रॉनों में रूपांतरित हो जाते हैं। कुछ तारों में सिकुड़न की प्रक्रिया यहीं रुक जाती है। अधिकतर न्यूट्रॉनों से निर्मित ऐसा पिंड 'न्यूट्रॉन तारा' कहलाता है।

न्यूट्रॉन तारा मुश्किल से 10 किलोमीटर अर्द्धव्यास का होना है। तेजी से घूर्णन करनेवाले न्यूट्रॉन तारे ही 'पल्सर' कहलाते हैं। न्यूट्रॉन तारे के एक चम्मच द्रव्य का भार 20 करोड़ हाथियों के बराबर होगा!

लेकिन द्रव्य के घनत्व की यही सीमा नहीं है। तारे का आरंभिक द्रव्यमान यदि सूर्यराशि के दस गुना से अधिक हो, तो न्यूट्रॉन तारे की अवस्था के आगे भी तारे का सिकुड़ना जारी रहेगा। ऐसा तारा सिकुड़कर मुश्किल से तीन किलोमीटर के आकार का रह जाएगा और तब इसके एक चम्मच-भर द्रव्य का भार खरबों टन के बराबर होगा। ऐसे कल्पनातीत घनत्ववाले पिंड के गुरुत्वीय प्रभावों का एक परिणाम यह होगा कि इसमें से किसी भी प्रकार का द्रव्य या विकिरण बाहर नहीं आ पाएगा। ऐसे पिंड से प्रकाश बाहर नहीं आ पाएगा, इसलिए ये हमारे लिए 'अदृश्य' बने रहेंगे। आसपास के तारों के द्रव्य को अपनी ओर खींचकर ये उन्हें अपने में हड़पते रहते हैं। इसीलिए इन्हें कृष्ण-विवर का नाम दिया गया है।

तो क्या इन कृष्ण-विवरों को कभी भी देख पाना, आकाश में इन्हें खोज पाना, संभव नहीं होगा? खगोलविद् आशान्वित हैं। तलाश जारी है। एक-दूसरे की परिक्रमाएं करनेवाले तारों की जोड़ियों में अदृश्य किंतु शक्तिशाली एक्स-किरणों के स्रोतों के रूप में कृष्ण-विवरों का अस्तित्व सिद्ध किया जा रहा है।

घूर्णन करनेवाले कृष्ण-विवर में द्रव्य की क्या दशा होती है, इसका अपने अंतिम वर्षों में डॉ. चंद्रशेखर ने सैद्धांतिक विवेचन किया था। कृष्ण-विवर के द्रव्य का अंततः क्या होता है? परिकल्पना प्रस्तुत की गई है कि यह द्रव्य अपने महत्तम घनत्व पर पहुंचकर और विस्फोटित होकर दिक्काल के किसी सुदूर क्षेत्र में पुनः प्रकट होता है—'श्वेत-विवर' के रूप में।

द्रव्य की लीलाएं बड़ी विचित्र हैं!

रामानुजन्

[सन् 1887-1920]

प्रसिद्ध फ्रेंच गणितज्ञ लापलेस ने जब अपना ग्रंथ 'ब्रह्मांड-गतिविज्ञान' नेपोलियन को भेंट किया, तो नेपोलियन ने उनसे पूछा : "कितने आश्चर्य की बात है कि आपने ब्रह्मांड पर इतना बड़ा ग्रंथ लिखा और 'ब्रह्मांड-निर्माता' का उसमें एक बार भी उल्लेख नहीं है?"

लापलेस ने सीधा-सादा उत्तर दिया : "मान्यवर, मेरे ग्रंथ में प्रतिपादित सिद्धांतों के लिए उस 'परिकल्पना' की आवश्यकता नहीं है।"

परंतु रामानुजन् के लिए बात दूसरी ही थी। किसी महान ईश्वरीय सत्ता की बात तो दूर रही, रामानुजन् ग्राम देवी-देवताओं में भी विश्वास करते थे। लेकिन यह मात्र विश्वास ही नहीं था। वह कहा करते थे कि नामगिरि नामक एक ग्राम-देवी उनके स्वप्नों में आकर गणित के फार्मूले निकालने में उनकी सहायता करती है। जहां तक मेरा विश्वास है, रामानुजन् यह कभी भी स्पष्ट न कर सके कि देवी की यह 'सहायता' किस रूप की थी, किस माध्यम से थी।

मनोविश्लेषण के क्षेत्र में मैं नहीं उतरना चाहता, किंतु रामानुजन् को देवीजी की यह मदद मेरे लिए एक पहेली ही है और संभवतः बनी ही रहेगी। समस्या उन तरुण गणितज्ञों के लिए है जो विज्ञान के क्षेत्र में देवी-देवताओं को घुसने नहीं देना चाहते। कितना अच्छा होता, यदि ये असंख्य देवी-देवता उनकी भी सहायता करते जिनका कि उनमें विश्वास नहीं है! मेरे विचार से वे यह भी अनुकंपा करते हैं, वरना सब प्रगति ही रुक जाती।

रामानुजन् के अपने जो भी विश्वास रहे हों, निस्संदेह वह एक महान गणितज्ञ थे। बीसवीं शताब्दी के गणितज्ञों में न केवल भारत के अपितु संसार के महान गणितज्ञों में उनका प्रमुख स्थान है। जिस कठिनाई से और अल्पायु में रामानुजन् ने गणितशास्त्र की सेवा की है, वह हमारे लिए एक आदर्श है। यहां पर उनके गणितीय सिद्धांतों की विस्तार से चर्चा करना संभव न होगा, क्योंकि वह 'गणितज्ञों के भी गणितज्ञ' हैं।

श्रीनिवास रामानुजन् आयंगर का जन्म 22 दिसंबर, 1887 को एक गरीब ब्राह्मण परिवार में हुआ था। उनके पिता कुंभकोनम् (तंजौर जिला, मद्रास) के एक कपड़े के व्यापारी की दुकान पर साधारण मुनीम थे। विवाह के बाद बहुत दिनों तक जब उन्हें कोई संतान नहीं हुई तो रामानुजन् के नाना ने नामगिरि नामक एक ग्राम-देवी की मनौती मानी। कुछ दिनों बाद रामानुजन् का जन्म हुआ।

रामानुजन् की आरंभिक शिक्षा कुंभकोनम् के हाई स्कूल में हुई। प्राइमरी कक्षाओं में हमेशा प्रथम आते रहे। वह स्वभाव से शांत थे और उनकी स्मरणशक्ति गजब की थी। वह गणित की पहेलियों से अपने साथियों का मनोरंजन किया करते थे। उन दिनों गणित की पुस्तकें प्राप्त करने में काफी कठिनाई होती थी। रामानुजन् जब हाईस्कूल में ही पढ़ रहे थे, तो उनके एक हितैषी ने उनके लिए कार महाशय की 'सिनॉप्सिस ऑफ प्योर मैथेमेटिक्स' नामक पुस्तक ला दी। तब क्या था! रामानुजन् रात-दिन भूल गए। इस पुस्तक द्वारा पहले तो उन्होंने अंकगणित के कुछ फार्मूले खोज निकाले, फिर ज्यामिति की ओर बढ़े। इसी समय उन्होंने स्वतंत्र रूप से पृथ्वी के विषुवत्-वृत्त की लंबाई ठीक-ठीक ज्ञात की। फिर वह बीजगणित की ओर बढ़े। क्योंकि रामानुजन् के पास उच्चगणित की यही एकमात्र पुस्तक थी, अतः उनके द्वारा शोधित फार्मूलों में कुछ ऐसे भी थे जोकि गणितज्ञों को पहले से ही ज्ञात थे। किंतु इससे रामानुजन् की स्वतंत्र खोज का महत्त्व किसी भी रूप में कम नहीं होता।

सन् 1903 में, 16 वर्ष की आयु में रामानुजन् ने मैट्रिक की परीक्षा पास की। उन्हें छात्रवृत्ति भी मिलने लगी। अन्य विषयों में वह कमजोर थे, क्योंकि वह अपना सभी समय गणित में ही लगाते थे। इसलिए रामानुजन्, इंटर की परीक्षा में फेल हो गए। परिणामस्वरूप छात्रवृत्ति से हाथ धोना पड़ा। घर की स्थिति तो पहले से ही

खराब थी, अतः वह मद्रास चले गए। सन् 1907 में वह फिर परीक्षा में बैठे, परंतु फिर फेल हो गए। इसके बाद वह फिर कभी परीक्षा में नहीं बैठे। स्वतंत्र रूप से गणित का अध्ययन करते रहे।

सन् 1909 में रामानुजन् का विवाह हो गया। अब उनके लिए नौकरी करना आवश्यक हो गया। नौकरी की खोज के सिलसिले में रामानुजन् का दीवान बहादुर रामचंद्र राव से परिचय हुआ। रामचंद्र राव नेलोर के कलेक्टर थे और गणित के बेहद प्रेमी थे। रामानुजन् से अपनी प्रथम भेंट का उन्होंने निम्नलिखित शब्दों में वर्णन किया है :

"कुछ वर्ष पहले मेरा भतीजा, जिसे गणित का कुछ भी ज्ञान नहीं है, मेरे पास आया और कहने लगा, 'मैं एक ऐसे आदमी को जानता हूं, जो हमेशा गणित की ही चर्चा करता है। मेरी तो कुछ भी समझ में नहीं आता।' अपने गणित-प्रेम के कारण मैंने रामानुजन् को उपस्थित होने की अनुमति दे दी। एक छोटे कद की पतली-सी, कुछ गंदी-सी, परंतु आंखों में चमक लिये और बगल में एक नोटबुक थमाए, एक मूर्ति मेरे सामने हाजिर हुई। स्पष्ट था कि उसकी हालत बहुत ही दयनीय थी। अपना गणित का अध्ययन चालू रखने के उद्देश्य से वह कुंभकोनम् से मद्रास चला आया था। उसकी कोई अधिक इच्छा-अभिलाषाएं नहीं थीं। बस, वह इतनी ही सुविधा चाहता था कि उसे खाने-भर को मिल जाए, ताकि बिना किसी बाधा के वह अपने सपनों में रम सके।

"उसने अपनी नोटबुक खोली और मुझे उसमें से कुछ फार्मूले समझाने लगा। मैं तत्काल समझ गया कि इनमें कुछ खास बात है, परंतु गणित के मेरे अल्पज्ञान के कारण रामानुजन् के फार्मूले मेरी समझ से बाहर थे। बिना कुछ निर्णय किए, मैंने उसे फिर आने को कहा और वह आया भी। किंतु इस बार उसने मेरे सामने कुछ आसान फार्मूले रखे, क्योंकि वह मेरे गणित-संबंधी अल्पज्ञान को भांप गया था। धीरे-धीरे उसने मुझे अपने कठिन फार्मूले भी समझाए। अंत में उसने कहा कि गणित का अध्ययन चालू रखने के लिए वह केवल थोड़ी निश्चिंतता चाहता है।"

कुछ समय के लिए रामचंद्र राव ने रामानुजन् का खर्च स्वयं अपने ऊपर ले लिया। छात्रवृत्ति प्राप्त करना कठिन हो गया। किंतु रामानुजन् किसी पर बोझ बने रहना नहीं चाहते थे। अंत में उन्होंने मद्रास पोर्ट-ट्रस्ट के ऑफिस में 30 रुपए मासिक की नौकरी स्वीकार कर ली।

परंतु रामानुजन् के गणित के अध्ययन में किसी तरह की कमी नहीं आई। सन् 1911 में उनका प्रथम लेख मैथेमेटिकल सोसाइटी के मुखपत्र में प्रकाशित हुआ। इस समय रामानुजन् 23 वर्ष के थे। अगले वर्ष उन्होंने इसी पत्र में दो लेख और छपवाए। रामचंद्र राव के प्रभाव से मद्रास इंजीनियरिंग कॉलेज के ग्रिफिथ महाशय और मद्रास पोर्ट ट्रस्ट के चेयरमैन सर फ्रांसिस स्प्रिंग ने रामानुजन् की

बड़ी सहायता की। उस समय इंग्लैंड के उदीयमान गणितज्ञों में डॉ. हार्डी की काफी चर्चा थी। हितैषियों की सलाह से रामानुजन् ने डॉ. हार्डी से पत्र-व्यवहार शुरू किया। 16 जनवरी, 1913 को हार्डी के नाम लिखा हुआ उनका प्रथम पत्र इस प्रकार था :

'मान्यवर,

मैं मद्रास पोर्ट-ट्रस्ट के ऑफिस में एक साधारण-सा क्लर्क हूं। विश्वविद्यालय की उच्च पढ़ाई मैं हासिल नहीं कर सका, किंतु स्कूल की सामान्य पढ़ाई कर चुका हूं। स्कूल छोड़ने के बाद से अपना खाली समय मैं गणित को ही देता आया हूं। विश्वविद्यालय में पढ़ाए जानेवाले गणित से यद्यपि मैं परिचित नहीं हूं, फिर भी मैंने स्वतंत्र रूप से गणितशास्त्र में कुछ सिद्धांत खोज निकाले हैं। अपसारी श्रेणी (डाइवरजेंट सीरीज) से संबंधित मैंने कुछ नए सिद्धांत खोज निकाले हैं। स्थानीय गणितज्ञों का मत है कि मेरे शोध 'अद्‌भुत' हैं।

इस पत्र के साथ मैं अपने अनुसंधान भेज रहा हूं। आपसे मेरा सविनय अनुरोध है कि आप मेरे लेखों को देखें। मैं एक गरीब भारतीय हूं। मेरे लेखों में यदि कुछ भी नूतनता है तो आप इनके प्रकाशन में अवश्य सहायता करेंगे। आप उस विषय के ज्ञाता हैं। आपकी प्रेरणा से मुझे उत्साह मिलेगा। कष्ट के लिए क्षमाप्रार्थी हूं।

विनीत
रामानुजन्'

इस पत्र के साथ रामानुजन् ने डॉ. हार्डी को अपने 120 प्रमेय भेजे थे। इनमें से कुछ ऐसे थे जो गणितज्ञों को पहले ही से ज्ञात थे, लेकिन इनमें कुछ ऐसे भी प्रमेय थे, जो एक असाधारण गणितज्ञ की ही बुद्धि की उपज हो सकते थे। डॉ. हार्डी इन प्रमेयों को देखकर बड़े प्रभावित हुए और उन्होंने इनके प्रकाशन की भी व्यवस्था कर दी।

अंत में मई, 1913 में मित्रों की सहायता से रामानुजन् को एक विशेष छात्रवृत्ति मिली और साथ ही मद्रास पोर्ट-ट्रस्ट से मुक्ति भी। उधर हार्डी महाशय रामानुजन् को इंग्लैंड बुलाने का प्रयत्न करने लगे। परंतु जातिवालों ने विदेश जाने में बाधाएं उपस्थित कर दीं। अंत में एक अजीब ढंग से उन्हें विदेश जाने की अनुमति मिल ही गई। एक दिन प्रात:काल उनकी माताजी ने कहा कि उन्होंने रात को सपना देखा है, जिसमें उन्होंने देखा कि उनका बेटा एक बहुत बड़े हॉल में गोरे लोगों के बीच बैठा है और नामगिरि देवी ने भी आज्ञा दी है कि बेटे की विदेश-यात्रा में बाधक न बनो। इसी बीच मद्रास विश्वविद्यालय ने रामानुजन् को विदेश जाने के

लिए 250 पौंड सालाना छात्रवृत्ति देना स्वीकार कर लिया। मां की अनुमति पाकर और अपनी छात्रवृत्ति में से उसके लिए कुछ व्यवस्था करके 17 मार्च, 1914 को रामानुजन् इंग्लैंड के लिए रवाना हो गए।

रामानुजन् इंग्लैंड पहुंच गए, किंतु डॉ. हार्डी के सामने एक नई समस्या आ खड़ी हुई। इस व्यक्ति का कैसे मार्गदर्शन करें? गणितशास्त्र के कुछ ऐसे उपांग थे जिन पर रामानुजन् का पूर्ण अधिकार था, किंतु कुछ ऐसी प्रारंभिक बातें भी थीं जिनके बारे में उनका ज्ञान नहीं के बराबर ही था।

रामानुजन् जैसी प्रतिभा को शुरू से गणित पढ़ाना व्यर्थ था। अतः उनके मार्गदर्शन की जिम्मेदारी हार्डी ने स्वयं अपने ऊपर ले ली। फिर भी डॉ. हार्डी ने अंत में स्वीकार किया था : "रामानुजन् को मैंने जितना कुछ पढ़ाया उससे कहीं अधिक मैंने उससे सीखा।"

इंग्लैंड में रहते हुए भी रामानुजन् खान-पान और व्यवहार से भारतीय ही बने रहे। स्वयं अपने हाथ से भोजन बनाते थे—शाकाहारी भोजन। मानसिक परिश्रम इतना अधिक करते थे कि अंत में स्वास्थ्य पर असर पड़ना स्वाभाविक था। सन् 1917 में तपेदिक के चिह्न दिखाई देने लगे। उन्हें कैंब्रिज के अस्पताल में भर्ती किया गया। इधर उनके लेख उच्च कोटि की पत्र-पत्रिकाओं में प्रकाशित होने के कारण उनकी प्रतिष्ठा काफी बढ़ चुकी थी। अंत में इंग्लैंड की प्रसिद्ध 'रॉयल सोसाइटी' ने 28 फरवरी, 1918 को रामानुजन् को अपना फेलो बना लिया। इससे उनको और भी उत्साह मिला और स्वास्थ्य का बिना खयाल रखे वह जोर-शोर से गवेषणा-कार्य में जुट गए।

प्रथम महायुद्ध की समाप्ति के बाद सन् 1919 में रामानुजन् स्वदेश लौट आए। स्वास्थ्य-लाभ के लिए उन्हें कावेरी तट पर स्थित कोदमंडी ग्राम में रखा गया, परंतु स्वास्थ्य में कोई सुधार नहीं हुआ। अंत में 26 अप्रैल, 1920 को केवल 33 वर्ष की अल्पायु में, इस महान गणितज्ञ ने प्राण त्याग दिये।

रामानुजन् एक विशुद्ध गणितज्ञ थे। उनके सभी शोध संख्याशास्त्र से ही संबंधित हैं। जिस प्रकार स्वयं गणित का सभी विज्ञानों में प्रमुख स्थान है, उसी प्रकार संख्याशास्त्र का गणितशास्त्र में प्रमुख स्थान है। वैसे तो सभ्यता के प्रारंभ से ही मनुष्य प्राकृतिक संख्याओं से गिनती करता आया है, परंतु गणितज्ञों का आरंभ से यही प्रयत्न रहा है कि 1, 2, 3, 4, 5 जैसी संख्याओं से संबंधित ऐसे नियमों का पता चले जो एक-दो नहीं, सभी संख्याओं पर समान रूप से लागू हो सकें।

संख्याशास्त्र में हम केवल एक-दो संख्याओं से ही संबंधित नहीं होते (जैसे 6 को 2 द्वारा ठीक-ठीक भागा जा सकता है), परंतु संपूर्ण संख्याओं पर एक साथ विचार करते हैं (जैसे सभी समसंख्याओं को 2 द्वारा ठीक-ठीक भागा जा सकता है)। संभवतः ये निर्णय आपको बड़े आसान लगते होंगे, किंतु जब इनको

सिद्ध करने का सवाल उठता है तो गणितज्ञों को बहुत ही गहराई में उतरना पड़ता है। उदाहरणस्वरूप, हम गोल्डबाख़ द्वारा प्रतिपादित अनुमान को ले सकते हैं: 2 से बड़ी हर सम-संख्या दो अखंड संख्याओं का योग होती है, इस प्रकार 4 दो अखंड संख्याएं 2 और 2 का योग है, 6 दो अखंड संख्याएं 3 और 3 का योग है, 8 दो अखंड संख्याएं 3 और 5 का योग है, और इसी प्रकार यह क्रम चलता रहेगा। लेकिन इसी तरह के अनेक लिखित उदाहरण देने से यह सिद्ध नहीं होता है कि सभी समसंख्याएं दो अखंड संख्याओं का योग हैं; यद्यपि अभी तक ऐसा एक भी उदाहरण नहीं मिला है जिससे कि 'गोल्डबाख़ का अनुमान' गलत साबित हो सके।

संख्याशास्त्र का एक और प्रश्न, जिसको सुलझाने में रामानुजन् का योग रहा, पूर्ण संख्या के विभाजन से संबंधित है। कोई भी पूर्ण संख्या ले लीजिए, जैसे कि 3; इसे हम तीन विभिन्न रूपों में लिख सकते हैं—3+0, 1+2, 1+1+1। आप आसानी से जान सकते हैं कि इस संख्या को अन्य किसी विभाजन में आप प्रकट नहीं कर सकते। इसी प्रकार 4 को आप 5 विभिन्न रूपों में प्रकट कर सकते हैं—4+0, 3+1, 2+2, 2+1+1, 1+1+1+1। इसके अतिरिक्त कोई अन्य रूप नहीं हो सकता। लेकिन यह तो छोटी संख्याओं की बात हुई। 3 की बजाय 7,80,00,000 जैसी विशाल संख्या हो तो आप क्या करेंगे? हमें कोई ऐसा सर्वमान्य फार्मूला खोज ही निकालना पड़ेगा जो छोटी-बड़ी सभी संख्याओं के विभिन्न विभाजनों को प्रकट कर सके। सन् 1917 में रामानुजन् ने इसी तरह का एक फार्मूला खोज निकाला।

रामानुजन् वास्तव में उस गणित-वर्ग के सदस्य थे जोकि गणितशास्त्र को एक खेल मात्र मानकर चलते हैं। जिस प्रकार किसी खेल के अपने कुछ नियम होते हैं, उसी प्रकार गणित में भी 1, 3, +, −, = जैसे चिह्नों को लेकर विधिवत् एक प्रकार का खेल ही खेला जाता है। इस गणित की उपयोगिता से उन्हें कोई मतलब नहीं होता।

रामानुजन् की गणितीय गवेषणाओं की चर्चा करते हुए डॉ. हार्डी ने लिखा है : "मुझसे लोगों ने कई बार पूछा है कि क्या रामानुजन् के पास कोई जादू था? क्या दूसरे गणितज्ञों से उनके तरीके कुछ भिन्न थे? क्या उनकी चिंतन-प्रणाली दूसरों से भिन्न थी? —इन सब प्रश्नों का मेरे पास कोई ठीक-ठीक जवाब नहीं है। मेरा तो विश्वास है कि गहराई में उतरकर सभी गणितज्ञ एक ही तरह से सोचते हैं और रामानुजन् इसका अपवाद नहीं थे। अंकों के साथ वह एक कुशल खिलाड़ी की तरह खेलते थे।"

मुझे स्मरण है, डॉ. लिटिलवुड ने एक बार कहा था : "प्रत्येक अंक के साथ उस (रामानुजन्) की गहरी दोस्ती है।"

एक बार की घटना है। रामानुजन् उस समय अस्पताल में थे और मैं उन्हें देखने गया था। टैक्सी का नम्बर था—1729। रामानुजन् से मिलने पर मैंने यों कह दिया कि यह तो एक अशुभ संख्या है (इस संख्या में एक गुणनखंड 13 है, और परंपरा से यह संख्या अशुभ मानी जाती रही है)। किंतु रामानुजन् ने झट उत्तर दिया कि नहीं, यह तो एक अद्भुत संख्या है। यह एक ऐसी सबसे छोटी संख्या है, जिसे हम दो धन-संख्याओं के योग द्वारा दो विभिन्न रूपों में प्रकट कर सकते हैं; जैसे :

$$\begin{aligned} 1729 &= 7 \times 13 \times 19 \\ &= 12^3 + 1^3 \\ &= 10^3 + 9^3 \end{aligned}$$

सन् 1926 में रामानुजन् के निबंधों का संकलन कैंब्रिज विश्वविद्यालय प्रेस ने डॉ. हार्डी से संपादित करवाया। डॉ. हार्डी ने जीवन-परिचय में एक जगह पर लिखा है :

"रामानुजन् का जीवन विचित्रताओं और विरोधों से भरा जान पड़ता है। एक-दूसरे की बूझ की रीतियां उनके संबंध में असफल रहती हैं। उनके विषय में इसी एक बात में हम एकमत रखते हैं कि वह एक महान गणितज्ञ थे।"

चंद्रशेखर वेंकट रामन्

[सन् 1888-1970]

आज के महान वैज्ञानिकों में भारत-सपूत रामन् का स्थान अगली पंक्ति में है। हमारा देश वैज्ञानिक उपलब्धियों में प्राचीन काल में भले ही आगे रहा हो, किंतु आज निश्चित रूप से हम पिछड़े हुए हैं। रामन् जैसे इने-गिने वैज्ञानिकों के कारण ही आज हमारी इज्जत बची हुई है। प्रसिद्ध नोबेल पुरस्कार पानेवाले वह एकमात्र भारतीय वैज्ञानिक हैं।

चंद्रशेखर वेंकट रामन् का जन्म त्रिचनापल्ली में 7 नवंबर, 1888 को हुआ था। इनके पिता चंद्रशेखर स्वयं एक सुविज्ञ गणितज्ञ थे। वह विज़गापट्टम के कॉलेज में प्राध्यापक थे। ज्योतिषशास्त्र और संगीत में भी उनकी गति थी। पिता के सभी गुण पुत्र में उतर आए थे।

12 वर्ष की अल्पायु में रामन् ने मैट्रिक की परीक्षा पास की और 19 वर्ष की आयु में एम.ए. की परीक्षा विश्वविद्यालय में सर्वोच्च स्थान प्राप्त करके पास की। रामन् की प्रखर बुद्धि का अनुमान इसी से लगाया जा सकता है कि विद्यार्थी-

जीवन में ही इंग्लैंड के प्रतिष्ठित शास्त्रीय मासिक पत्र 'फिलॉसफ़िकल मैगज़ीन' में प्रकाश-किरणों से संबंधित इनका लेख प्रकाशित हुआ। उस समय रामन् केवल 18 वर्ष के थे।

एम.ए. करने के उपरांत उच्चशिक्षा के लिए रामन् इंग्लैंड जाना चाहते थे। सरकार द्वारा छात्रवृत्ति की भी व्यवस्था हो गई थी। किंतु डॉक्टरी परीक्षा में उनकी गाड़ी अटक गई। प्रारंभ से ही रामन् ने स्वास्थ्य पर ध्यान नहीं दिया था। डॉक्टर ने उनके शरीर की जांच करके उन्हें विदेश-यात्रा के अयोग्य घोषित कर दिया। उसने कहा कि यह दुबला-पतला व्यक्ति समुद्री यात्रा के योग्य नहीं है और न यह इंग्लैंड की कड़ी सर्दी ही सह पाएगा।

रामन् सरकारी लेखा-विभाग की परीक्षा में बैठे और उत्तीर्ण हुए। 19 वर्ष की छोटी उम्र में कलकत्ता में डिप्टी एकाउंटेंट-जनरल के पद पर रामन् की नियुक्ति हुई। नौकरी लग जाने पर कृष्णास्वामी अय्यर की पुत्री त्रिलोक सुंदरी के साथ रामन् का विवाह हुआ।

किंतु नौकरी और सुशील पत्नी पाकर भी रामन् प्रसन्न नहीं थे। वह जिस चीज़ की खोज में थे, वह अभी इन्हें नहीं मिली थी। एक दिन ट्राम में बैठकर वह ऑफ़िस से घर लौट रहे थे। रास्ते में उन्होंने भारतीय विज्ञान परिषद् का बोर्ड देखा और घर की सुध-बुध भूलकर वह वहीं उतर पड़े। सीधे परिषद्-भवन के भीतर चले गए। उस समय परिषद् की बैठक चल रही थी और सर आशुतोष मुखर्जी जैसे विद्वान वहां पर मौजूद थे। रामन् ने अपना परिचय दिया और बाद में अपने प्रकाशित लेख भी दिखाए।

रामन् जैसी प्रतिभा को पाकर परिषद् धन्य हो गई। रामन् भी मन लगाकर प्रयोग करने लगे। परिषद् में साधनों की असुविधा होने पर भी रामन् ने अनेक महत्त्वपूर्ण आविष्कार किए, जिससे उनकी ख्याति देश-विदेश में फैलने लग गई, किंतु यह क्रम अधिक दिनों तक नहीं चल पाया। इनकी बदली रंगून में हो गई। रंगून में नए-नए प्रयोग करने के लिए सुविधा नहीं थी। इन्हीं दिनों रामन् के पिता की मृत्यु हुई और यह छह महीने की छुट्टी लेकर मद्रास आ गए। छुट्टियों के बाद इनकी बदली नागपुर हो गई। यहां पर रामन् ने अपने घर पर ही प्रयोगशाला बनाई और प्रयोग करने लगे।

सन् 1911 में एकाउंटेंट-जनरल के पद पर नियुक्ति करके रामन् को पुनः कलकत्ता भेज दिया गया। रामन् को अत्यधिक प्रसन्नता हुई। वर्षों बाद अपनी प्रिय परिषद् में पुनः प्रयोग करने का उन्हें मौका मिला। अगले सात वर्षों में रामन् इस परिषद् में अनेक प्रयोग करते रहे।

इन्हीं दिनों सर तारकानाथ पालित, डॉ. रासबिहारी घोष और सर आशुतोष के प्रयत्नों से कलकत्ता में एक साइंस कॉलेज खोला गया। भौतिकशास्त्र के लिए

एक योग्य प्राध्यापक की समस्या उपस्थित हुई। सर मुखर्जी का ध्यान रामन् की ओर गया, किंतु रामन् से बात करने की उनकी हिम्मत नहीं हुई। उनका खयाल था कि रामन् शायद इतनी बढ़िया नौकरी छोड़कर कॉलेज में आना पसंद न करें।

किंतु रामन् को जब इस बात का पता लगा, तो उन्होंने फौरन सरकारी नौकरी से त्यागपत्र दे दिया। लेकिन एक दिक्कत और थी। उन दिनों साइंस कॉलेज में यह रिवाज था कि जो भी व्यक्ति भौतिकशास्त्र पढ़ाने आए, वह यूरोपीय विश्वविद्यालयों में पढ़ा हुआ हो और वहां की उपाधि उसे प्राप्त हो। रामन् तो अभी तक विदेश भी नहीं गए थे, विदेशी डिग्री की बात तो दूर रही। अंत में अपवादस्वरूप रामन् पर से यह शर्त हटा ली गई और जुलाई, 1917 में वह कलकत्ता विश्वविद्यालय में भौतिकशास्त्र के प्राध्यापक नियुक्त हुए।

सन् 1921 में ब्रिटिश राष्ट्रमंडल के विश्वविद्यालयों का लंदन में एक सम्मेलन होनेवाला था। कलकत्ता विश्वविद्यालय की बड़ी ख्याति थी। रामन् विश्वविद्यालय के प्रतिनिधि बनकर प्रथम बार लंदन गए। वहां पर अपने नए आविष्कार से संबंधित रामन् ने कई भाषण दिए। रामन् के विद्वत्तापूर्ण भाषण सुनकर विदेशी विद्वान् दंग रह गए।

रामन् की यह प्रथम विदेश-यात्रा एक प्रकार से उनके जीवन की सबसे अधिक महत्त्वपूर्ण घटना थी। भूमध्यसागर से जब जहाज जा रहा था तो सागर के नीले रंग को देखकर उनका वैज्ञानिक मस्तिष्क गहरे चिंतन में डूब गया। इस नीले रंग का कारण क्या है? उस समय तक विज्ञान के पास इस प्रश्न का कोई उत्तर नहीं था। रामन् इस रंग का रहस्य खोज निकालने में जी-जान से लग गए। सात वर्षों की कड़ी मेहनत के बाद उन्होंने जो हल खोज निकाला, वह 'रामन्-प्रभाव' के नाम से प्रसिद्ध हुआ। रामन् ने सन् 1928 में अपनी इस खोज को प्रकाशित किया।

रामन् की यह अद्भुत खोज प्रकाश-किरणों के गुण-धर्म से संबंधित है। पानी या अन्य किसी शुद्ध तरल पदार्थ में यदि एक ही वर्ण का प्रकाश छोड़ा जाए तो उसी वर्ष का प्रकाश परिवर्तित होकर वापस आता दिखाई देगा। लेकिन यह परिवर्तित प्रकाश केवल अपने मूल वर्ण का ही न रहकर अपने साथ अन्य वर्णों के परिवार को भी ले आता है। यदि मूलवर्ण ज्ञात हो तो एक निश्चित द्रव्य में से, एक निश्चित वर्ण-परिवार ही परिवर्तित होकर आएगा—यही रामन् की वह अद्भुत खोज थी। इस नियम को 'रामन्-चमत्कार' के नाम से भी जाना जाता है।

रामन् को 'रामन्-प्रभाव' के लिए सन् 1930 में नोबेल पुरस्कार प्रदान किया गया। एशिया-भर में किसी को भौतिकशास्त्र पर नोबेल पुरस्कार मिलने का यह प्रथम अवसर था। इसके बाद तो इन पर सम्मानों, पुरस्कारों और उपाधियों की वर्षा-सी होने लगी।

सन् 1933 में रामन् को बंगलौर-स्थित 'इंडियन इंस्टीट्यूट ऑफ़ साइंस' के संचालन का भर सौंपा गया। तब से आज तक वह इसी संस्था में निरंतर काम करते चले आ रहे हैं।

सन् 1958 में रूस की सरकार ने रामन् को 'राष्ट्रों के बीच शांति स्थिर करने के लिए' लेनिन-पुरस्कार प्रदान किया। इस पुरस्कार के बारे में रामन् कहते हैं :

"लेनिन-पुरस्कार के लिए मुझे इसलिए चुना गया है कि मैं विज्ञान के क्षेत्र में काम करता हूं। पर इससे भी महत्त्व की बात यह है कि मैंने अपने ज्ञान का उपयोग फौजी कामों के लिए कभी नहीं किया। मैंने हमेशा इसी बात की कोशिश की है कि विज्ञान का उपयोग मात्र रचनात्मक कार्यों में ही हो।"

क्या आपने कभी सोचा है कि हम अपनी आंखों से विभिन्न रंगों को कैसे देखते हैं? सामान्यतया लोग आंख की तुलना कैमरे के लेंस से करते हैं। किंतु इन दोनों में बड़ा भेद है। कैमरे द्वारा हम प्रकाश में दिखाई देनेवाली वस्तु का चित्र उतारकर बाद में कागज़ पर उसकी प्रतिलिपि बनाते हैं, परंतु आंख का कैमरा—'रेटिना'—दोनों ही काम साथ-साथ करता है।

डॉ. रामन् ने अभी कुछ समय पूर्व रेटिना को देखने की एक नई पद्धति का आविष्कार किया है। इस आविष्कार के अनुसार प्रत्येक व्यक्ति देख सकता है कि उसकी आंख के अंदर का हिस्सा कैसा है और वह कैसे काम करता है।

तरीका बहुत ही सरल है। रामन् कहते हैं कि आप किसी सफेद परदे के सामने बैठ जाएं और आंख के सामने एक कलर-फिल्टर रख लें। दूसरी आंख बंद कर लेने पर परदे की ओर देखते रहें तो थोड़ी देर में आंख फिल्टर से प्रभावित हो जाएगी। फिल्टर को हटा देने पर आपको सामने के परदे पर रेटिना का बड़ा-सा प्रतिबिंब दीखने लगेगा।

आंख की देखने की क्रिया में पहले किसी वस्तु का प्रतिबिंब रेटिना पर पड़ता है। रेटिना उस वस्तु के रंगों को पहचानती है। रेटिना में तीन भाग होते हैं, जिन्हें पिगमेंट कहते हैं। ये तीन पिगमेंट ही विभिन्न रंगों को पहचानते हैं। एक पिगमेंट जामुनी और नीले प्रकाश को ग्रहण करता है, दूसरा हरे और हरे-पीले रंगों को और तीसरा लाल रंग के प्रकाश को।

डॉ. रामन् का आदर्श रहा है :

"...सदैव यही प्रतीति रखो कि तुम साधना के अति उत्तुंग शिखर पर बैठे हो। तनिक भी संतुलन खोया, तो अतल गहराइयों में, खोहों और खाइयों में गिर पड़ोगे। एक क्षण भी खोया तो जीवन-संपदा को क्षीण कर बैठोगे। जीवन से तभी तुम कुछ पा सकोगे, यदि उससे भी बढ़कर जीवन को कुछ दे सकोगे।"

हैनरिक हट्र्ज

[सन् 1857-1894]

आज ट्रांजिस्टर-रेडियो और टेलीविजन आम इस्तेमाल की चीजें हो गई हैं। अंतरिक्ष में स्थापित संचार-उपग्रहों ने इन साधनों को संसार के कोने-कोने में पहुंचा दिया है, सर्वसाधारण के लिए सुलभ बना दिया है। संचार के इन माध्यमों के जरिए सारी दुनिया अब एक संयुक्त कुटुंब का रूप धारण करती जा रही है। **वसुधैव कुटंबकम्** की हमारी बहुत पुरानी कामना सही माने में अब साकार होती देखाई दे रही है। पहली बार जिस वैज्ञानिक ने विद्युत-चुंबकीय तरंगों (Electromagnetic waves) के अस्तित्व को प्रमाणित करके रेडियो, टेलीविजन और रेडार जैसे शक्तिशाली साधनों के प्रयोग का मार्ग प्रशस्त कर दिया, वे थे हैनरिक हट्र्ज।

जेम्स क्लार्क मैक्सवेल (1831-1879 ई.) ने अपने सैद्धांतिक अध्ययन के बल पर सन् 1865 में विद्युत-चुंबकीय तरंगों के अस्तित्व की भविष्यवाणी की थी (देखिए आगे के लेख में)। साथ ही, उन्होंने यह भी बताया था कि ये तरंगें आकाश (Space) में प्रकाश के वेग (एक सेकंड में 3,00,000 किलोमीटर) से

दौड़ती हैं। मैक्सवेल के इस महत्त्वपूर्ण सैद्धांतिक निष्कर्ष को प्रयोग से प्रमाणित करना अत्यावश्यक था।

यह काम किया हैनरिक हट्र्ज ने—सन् 1887 में। हट्र्ज द्वारा विद्युत-चुंबकीय तरंगों का अस्तित्व प्रमाणित किए जाने के बाद ही इन तरंगों को 'बेतार के तार' यानी रेडियो संचारण के वास्ते प्रयुक्त करने के प्रयोजन से जगदीशचंद्र बसु (1858-1937 ई.), ऑलिवर-लॉज (1851-1940 ई.), अलेक्सांद्र पोपोव (1859-1906 ई.), गुग्लीएल्मो मारकोनी (1874-1937 ई.) आदि वैज्ञानिकों ने अपने प्रयोग शुरू किए थे। हट्र्ज ने यह भी प्रमाणित किया कि प्रकाश-किरणों की तरह मैक्सवेल की विद्युत-चुंबकीय तरंगों का भी अपवर्तन, परावर्तन और ध्रुवण होता है। हट्र्ज की इन खोजों ने भौतिकी के आगे के विकास में बहुत ही महत्त्व की भूमिका अदा की।

हैनरिक रूडोल्फ हट्र्ज का जन्म जर्मनी के समुद्रतटवर्ती नगर हम्बर्ग में 22 फरवरी, 1857 को एक सुसंस्कृत और संपन्न यहूदी परिवार में हुआ था। उनके पिता नगर के एक उच्चाधिकारी थे। हैनरिक ने स्कूली पढ़ाई के दौरान ही अपनी कुशाग्र बुद्धि का और विज्ञान तथा टेक्नोलॉजी में अपनी गहरी दिलचस्पी का परिचय दे दिया था। मगर उनका अध्ययन सिर्फ विज्ञान तक ही सीमित नहीं रहा। वे साहित्यिक कृतियां भी चाव से पढ़ते थे और बचे समय में उन्होंने संस्कृत व अरबी जैसी भाषाओं का भी अध्ययन किया।

हैनरिक ने सन् 1875 में 18 साल की आयु में स्कूल छोड़ा, तो निर्णय नहीं कर पा रहे थे कि आगे क्या करें। वे समझ रहे थे कि वैज्ञानिक बनने की क्षमता उनमें नहीं है। इसलिए उन्होंने इंजीनियरी की पढ़ाई और पेशे को अपनाने का निश्चय किया। वे फ्रांकफुर्त गए और वहां नदी पर एक पुल का निर्माण करने में सहयोग दिया। फिर एक साल तक वे सैनिक सेवा में रहे। उसके बाद उन्होंने एक साल तक म्यूनिख विश्वविद्यालय में रहकर विज्ञान का अध्ययन किया।

अब विज्ञान के अध्ययन में हट्र्ज की दिलचस्पी काफी बढ़ गई थी। महान वैज्ञानिक हेरमान फोन हेल्महोल्ट्ज (1821-1894 ई.) के निर्देशन में शोध-कार्य करने के इरादे से अक्टूबर, 1878 में वे बर्लिन विश्वविद्यालय चले आए। हेल्महोल्ट्ज ने भौतिकी, शरीरक्रिया-विज्ञान, संगीत-ध्वनि आदि के क्षेत्र में महत्त्वपूर्ण गवेषणाएं की थीं। ऊर्जा की अविनाशिता का सिद्धांत (Law of Conservation of Energy) विज्ञान को उनकी एक महान देन है। नोबेल पुरस्कार-विजेता भारतीय भौतिक कवि चंद्रशेखर वेंकट रामन् (1888-1970 ई.) भी हेल्महोल्ट्ज से बहुत प्रभावित थे। रामन् ने लिखा भी है : "मैं हेरमान फोन हेल्महोल्ट्ज को आधुनिक जगत की एक सर्वश्रेष्ठ विभूति मानता हूं। जब मैं उनके ज्ञान-सागर की गहराई और उनकी वैज्ञानिक दृष्टि की स्पष्टता एवं गहनता पर गौर करता हूं, तो वे मुझे

अन्य सभी वैज्ञानिकों से, यहां तक कि आइजेक न्यूटन से भी श्रेष्ठ प्रतीत होते हैं। उन्हें ठीक ही उन्नीसवीं सदी की एक महान प्रतिभा माना जाता है।"

हट्र्ज जब बर्लिन विश्वविद्यालय पहुंचे तो वहां उन्होंने ब्लैकबोर्ड पर एक सूचना देखी जिसमें गतिमान विद्युत के जड़त्व पर खोजबीन करने के लिए एक पुरस्कार की घोषणा की गई थी। हट्र्ज काम में जुट गए। हेल्महोल्ट्ज ने भी उनके काम में दिलचस्पी ली और उन्हें बड़ी खुशी हुई जब हट्र्ज ने पुरस्कार जीत लिया। हट्र्ज ने हेल्महोल्ट्ज की देखरेख में अपना अनुसंधान-कार्य जारी रखा। चुंबकीय क्षेत्र में घूर्णन करनेवाले धातु के गेंदों के व्यवहार के बारे में की गई खोजबीन के लिए सन् 1880 में हट्र्ज को डॉक्टरेट की उपाधि मिली। उसके बाद हेल्महोल्ट्ज के भौतिकी के एक सहायक के रूप में उनकी नियुक्ति हुई।

तीन साल बाद सन् 1883 में हट्र्ज किएल विश्वविद्यालय में भौतिकी के अध्यापक बने। वहां उन्होंने मैक्सवेल के विद्युत-चुंबकीय सिद्धांत का अध्ययन आरंभ कर दिया, मगर विश्वविद्यालय में प्रयोग के लिए समुचित साधन नहीं थे और अध्यापन-कार्य के बाद समय भी बहुत कम बचता था। इसलिए सन् 1885 में हट्र्ज ने कार्लश्रुहे पॉलिटेक्निक में भौतिकी के प्राध्यापक का पद स्वीकार कर लिया। यहां उन्हें प्रयोग के लिए सुविधाएं मिलीं और वे गंभीरता से विद्युत-चुंबकीय तरंगों के अन्वेषण में जुट गए।

प्रयोग के लिए हट्र्ज ने जिस सामग्री का उपयोग किया, वह एकदम सामान्य किस्म की थी; आज के लिहाज से उसे अनगढ़ ही कहा जाएगा। मगर उसी सामग्री से उन्होंने इतिहास का पहला रेडियो प्रेषी (Transmitter) और रेडियो ग्राही (Receiver) बनाया। नवंबर, 1887 में हट्र्ज ने अपनी प्रयोगशाला के एक कोने में विद्युत-प्रेरक मशीन स्थापित की और दूसरे कोने में एक अनुनादक (Resonator)। 'अनुनादक' तार का एक ऐसा छल्ला था जिसके सिरों पर धातु की दो छोटी गोलियां जोड़ दी गई थीं और उनके बीच बहुत अल्प (इस कागज की मोटाई के बराबर) अंतर छोड़ा गया था। विद्युत-प्रेरक के साथ जोड़ी गई धातु की प्लेटें कुछ अधिक ही बड़ी होने के कारण उनसे पैदा होने वाले विद्युत-चुंबकीय दोलन की आवृत्ति (Frequency) काफी बढ़ जाती थी। प्रयोगशाला के दो कोनों में रखी गई इन दो मशीनों—प्रेरक और अनुनादक—के बीच हवा के अलावा और कोई चीज नहीं थी।

हट्र्ज ने विद्युत-प्रेरक को चालू कर दिया। परिणाम देखकर वह स्वयं चकित रह गए। प्रमाण मिल गया कि उनका—और मैक्सवेल का—सिद्धांत सही है; विद्युत-चुंबकीय तरंगें प्रयोगशाला के एक कोने से करीब 15 मीटर दूर के दूसरे कोने तक पहुंच गई थीं—प्रकाश के वेग से। धातु की प्लेटों से निकली ये तरंगें अनुनादक के पास पहुंचकर उसकी धातु की गोलियों के बीच स्फुल्लिंग (spark)

पैदा करती थीं। इस तरह पहली बार विद्युत-चुंबकीय तरंगों को पैदा करके उन्हें ग्रहण करना संभव हुआ था।

हट्‌र्ज ने यह भी पता लगाया कि विद्युत-चुंबकीय तरंगों को एक स्थान से दूसरे स्थान तक पहुंचने में कितना समय लगता है। ध्वनि संबंधी सिद्धांतों का उपयोग करके उन्होंने सबसे पहले तरंग-दैर्घ्य (Wave Length) जानने का तरीका खोज निकाला। दोलन की आवृत्ति वह जानते ही थे। अब दोलन को तरंग-दैर्घ्य से गुना करके वेग का पता लगाया जा सकता था। इस तरह हट्‌र्ज ने जाना कि विद्युत-चुंबकीय तरंगों का वेग भी वही है जोकि प्रकाश-किरणों का है—3,00,000 किलोमीटर प्रति सेकंड।

परंतु विद्युत-चुंबकीय तरंगों से संबंधित हट्‌र्ज का खोज-कार्य अभी पूरा नहीं हुआ था। उन्हें इन तरंगों के विविध गुणधर्मों को जानना था। सबसे पहले उन्होंने यह जाना कि प्रकाश-किरणों की तरह इन तरंगों को भी संकेद्रित (Focus) किया जा सकता है। फिर विभिन्न किस्म के लेंसों का प्रयोग करके हट्‌र्ज ने यह भी प्रमाणित किया कि प्रकाश-किरणों की तरह विद्युत्-चुंबकीय तरंगों का भी परावर्तन (Reflection), अपवर्तन (Refraction) और ध्रुवण (Polarization) होता है। इस तरह, स्पष्ट हो गया कि प्रकाश-किरणें वस्तुतः विद्युत्-चुंबकीय तरंगें ही हैं।

हट्‌र्ज अब 'बेतार के तार' के प्रयोगों की दिशा में आगे बढ़ सकते थे, मगर इस क्षेत्र को छोड़कर वे यांत्रिकी से संबंधित सवालों के अध्ययन में जुट गए। पता चलता है कि हैनरिक हट्‌र्ज की रेडियो-संचार की संभावना में कोई आस्था नहीं थी। यह सचमुच ही एक विचित्र बात है, पर विज्ञान के इतिहास में इस तरह के कई उदाहरण मौजूद हैं। फैराडे (1791-1867 ई.) ने नहीं सोचा था कि विद्युत्-चुंबकीय प्रेरक की उनकी खोज विद्युत इंजीनियरी का आधार बनेगी। उसी तरह, रदरफोर्ड (1871-1937 ई.) ने परमाणु के नाभिक से निकलने वाले अल्फा, बीटा व गामा विकिरण को पहचाना था, परंतु परमाणु के नाभिक से ऊर्जा प्राप्त करने की संभावना से साफ इनकार कर दिया था! हट्‌र्ज को भी यकीन नहीं था कि उनके द्वारा खोजी गई विद्युत्-चुंबकीय तरंगों का रेडियो-संचार में उपयोग हो सकेगा!

सन् 1889 में हट्‌र्ज बोन विश्वविद्यालय में भौतिकी के प्राध्यापक नियुक्त हुए। उस समय वे 32 साल के थे। बोन में उन्होंने मैक्सवेल के सिद्धांत का विश्लेषण जारी रखा और दो शोध-निबंध भी प्रकाशित किए। परंतु अब उनका स्वास्थ्य, जो पहले काफी अच्छा था, लगातार गिरता जा रहा था। शल्य-क्रिया भी की गई, मगर कोई लाभ नहीं हुआ। वे रक्त-विषाक्तन से पीड़ित थे। अंत में 1 जनवरी, 1894 को सिर्फ 37 साल की आयु में हैनरिक हट्‌र्ज का देहांत हुआ।

हट्र्ज अधिक जीवित रहते तो नया क्या-क्या खोजते, इसका अब केवल अनुमान ही लगाया जा सकता है। मगर विज्ञान के इतिहास में उनका नाम सुनिश्चित है। रेडियो उन्हीं की देन है। किलोहट्र्ज व मेगाहट्र्ज जैसे शब्दों में 'प्रति सेकंड आवर्तन' के लिए 'हट्र्ज' शब्द के प्रयोग ने उनके नाम को अमर बना दिया है।

हैनरिक हट्र्ज के प्रयोगों से प्रभावित होकर कई वैज्ञानिक 'बेतार के तार' (वायरलेस) की खोजबीन में जुट गए थे। इनमें प्रमुख थे—फ्रांसीसी वैज्ञानिक एदुआर्द ब्रेन्ली (1844-1940 ई.), ब्रिटिश वैज्ञानिक ऑलिवर लॉज (1851-1940 ई.), रूसी इंजीनियर अलेक्सांद्र पोपोव (1859-1906 ई.), भारतीय वैज्ञानिक जगदीशचंद्र बसु (1858-1937 ई.) और इतालवी विद्युत-इंजीनियर गुग्लीएल्मो मारकोनी (1874-1937 ई.)। जिस साल हट्र्ज की मृत्यु हुई (1894), उसी साल से 20 वर्षीय तरुण मारकोनी वायरलेस के प्रयोगों में जुट गए थे। जगदीशचंद्र बसु भी सन् 1894 में ऑलिवर लॉज का 'हट्र्जीय तरंगों' के बारे में एक निबंध पढ़ने के बाद कलकत्ता के प्रेसीडेंसी कॉलेज की अपनी छोटी-सी प्रयोगशाला में वायरलेस पर खोज-कार्य करने में जुट गए थे।

जोझेफ जॉन टॉमसन

[सन् 1856-1940]

दिसंबर, 1884 की बात है। कैंब्रिज विश्वविद्यालय की प्रख्यात केवेंडिश प्रयोगशाला के निदेशक लॉर्ड रैले ने अपने पद से त्यागपत्र देने का एकाएक फैसला किया। रैले एक ख्यातनाम वैज्ञानिक थे। अक्रिय गैस आर्गान की खोज (1895) के लिए 1904 में उन्हें नोबेल पुरस्कार मिला। जब रैले से उनके उत्तराधिकारी का नाम सुझाने को कहा गया, तो उन्होंने अपने शिष्य जे.जे. टॉमसन की ओर इशारा कर दिया। विशेषज्ञों की निर्वाचन समिति ने भी अंततः 'केवेंडिश प्रोफेसर' के पद के लिए जे.जे. टॉमसन को ही चुना। इससे कइयों को आश्चर्य हुआ, क्योंकि उस समय जे.जे. टॉमसन की आयु केवल 28 साल थी और उन्हें प्रमुखतः एक गणितज्ञ समझा जाता था। मैक्सवेल और रैले जैसे प्रख्यात वैज्ञानिक जिस प्रयोगशाला के प्रमुख रहे हों, उसके संचालन की जिम्मेदारी एक 'बालक' को सौंपना बहुतों को नागवार लगा।

जे.जे. टॉमसन केवेंडिश प्रयोगशाला में

मगर जे.जे. टॉमसन का चुनाव बहुत उपयुक्त साबित हुआ; जे.जे. (वे प्रायः इसी संक्षिप्त नाम से जाने जाते थे) आगे पैंतीस साल तक केवेंडिश प्रयोगशाला के निदेशक रहे। तदनंतर उनके सबसे प्रतिभाशाली शिष्य अर्नेस्ट रदरफोर्ड (1871-1937) ने पदभार संभाला। जे.जे. के कार्यकाल में केवेंडिश प्रयोगशाला की कीर्ति दूर-दूर तक फैली। दूसरे कई देशों के विद्यार्थी इस प्रयोगशाला में शोध-कार्य करने आए। जे.जे. को तो नोबेल पुरस्कार मिला ही, उनके आठ विद्यार्थियों ने भी भौतिकी या रसायन में नोबेल पुरस्कार प्राप्त किए। सबसे महत्त्व की बात यह है कि जे.जे. ने इसी केवेंडिश प्रयोगशाला में शोधकार्य करके विद्युत-कण 'इलेक्ट्रॉन' की खोज की और इस तरह इलेक्ट्रॉनिकी के नए युग की नींव डाली। इस खोज से, पहली बार, यह भी प्रमाणित हुआ कि परमाणु (एटम) वस्तुतः अखंड नहीं है।

प्राचीन काल में भारतीय चिंतक कणाद और यूनानी विचारक देमोक्रितस् (ईसा पूर्व पांचवीं सदी) ने प्रतिपादित किया था कि संसार की सारी वस्तुएं अतिसूक्ष्म ठोस परमाणुओं से बनी हुई हैं। देमोक्रितस् ने इन सूक्ष्म कणों को 'एटम' का नाम दिया था। 'एटम' शब्द का अर्थ ही है—जिसका खंडन या विभाजन संभव नहीं। आगे के दो हजार से भी अधिक साल तक एटम के बारे में यह मान्यता प्रचलित रही। आज से करीब दो सौ साल पहले जोन डॉल्टन (1766-1844 ई.)

कैथोड-रे ट्यूब

ने एक नया परमाणु सिद्धांत प्रस्तुत किया। उसमें उन्होंने कहा कि सभी वस्तुएं अतिसूक्ष्म, अदृश्य व अखंड एटमों से निर्मित हैं और इनका न तो सृजन संभव है, न ही विनाश। साथ ही उन्होंने यह भी प्रतिपादित किया कि एक ही तत्त्व के सभी परमाणु एक-जैसे होते हैं, परंतु अलग-अलग तत्त्वों के परमाणुओं के रासायनिक गुणधर्म अलग-अलग होते हैं।

आगे के करीब एक सौ साल तक वैज्ञानिक जगत में डाल्टन की यह मान्यता ही प्रचलित रही कि एटम अथवा परमाणु ही पदार्थों का सबसे छोटा अविभाज्य कण है। तब 30 अप्रैल, 1897 को अपने एक भाषण में जे.जे. टॉमसन ने घोषणा की कि उन्होंने विद्युत के 'कण' की खोज कर ली है। चूंकि यह कण, जिसे 'इलेक्ट्रॉन' का नाम दिया गया, एटम का एक घटक है, इसलिए उस दिन से एटम वस्तुतः एटम (अखंड) नहीं रहा। इलेक्ट्रॉन की खोज के बाद एटम के भीतर नए-नए कणों के उद्घाटन का सिलसिला शुरू हो गया।

इलेक्ट्रॉन की खोज होने के पहले ही बिजली के बारे में महत्त्व की कई बातें खोजी जा चुकी थीं। बेंजामिन फ्रैंकलिन ने सन् 1752 में ही स्पष्ट कर दिया था कि आसमान में चमकने वाली बिजली धरती पर पैदा की जानेवाली विद्युतधारा जैसी ही है। फिर यूरोप के गैल्वैनी, वोल्टा, ऐम्पियर, ओर्स्टेड और फैराडे जैसे वैज्ञानिकों ने विद्युत-चुंबकत्व की नींव डाली। स्पष्ट हुआ कि विद्युत और चुंबकत्व दो अलग-अलग चीजें नहीं हैं। विद्युत से चुंबकीय क्षेत्र पैदा किया जा सकता है और गतिमान चुंबक कुंडली में विद्युतधारा पैदा कर सकता

है। सन् 1864 में जेम्स क्लार्क मैक्सवेल ने विद्युत चुंबकीय सिद्धांत के अपने नियम प्रस्तुत कर दिए।

विद्युत के बारे में बहुत सारी बातें मालूम हो जाने पर भी व्यावसायिक स्तर पर बिजली का उत्पादन सन् 1881 में एडिसन द्वारा पहला विद्युत-स्टेशन स्थापित किए जाने पर ही शुरू हुआ। लंदन की सड़कों पर पहली बार सन् 1882 में बिजली की रोशनी हुई। (भारत में भी मैसूर राज्य के शिवसमुद्रम् स्थान में कावेरी पर सन् 1902 में जलविद्युत स्टेशन स्थापित हो गया था।) मजे की बात यह कि ये सभी बातें जे.जे. टॉमसन द्वारा इलेक्ट्रॉन की खोज किए जाने के पहले हुईं।

विज्ञान के लिए अथवा मानव जीवन के लिए इलेक्ट्रॉन की खोज का कितना बड़ा महत्त्व था? यह जानने के लिए सोचिए कि आधुनिक युग को हम क्या-क्या नाम देते हैं। कुछ लोग इसे परमाणु-ऊर्जा या अंतरिक्ष यात्रा का युग कहते हैं, तो कुछ लोग कंप्यूटर या इलेक्ट्रॉनिकी का युग। आजकल इसे जैव-तकनीकी और सूचना-विज्ञान का युग भी कहा जाने लगा है। संभवतः ये सभी कथन सही हैं। मगर इन सबके विकास के मूल में है—सन् 1897 में जे.जे. टॉमसन द्वारा की गई इलेक्ट्रॉन की खोज।

जे.जे. टॉमसन का जन्म ब्रिटेन के मैंचेस्टर नगर के नजदीक के चीथम हील नामक स्थान पर 18 दिसंबर, 1856 को हुआ। टॉमसन के पिता पुरानी दुर्लभ पुस्तकें खरीदने-बेचने का धंधा करते थे। बालक टॉमसन एक अच्छा और पढ़ाकू विद्यार्थी था। उसके माता-पिता चाहते थे कि वह इंजीनियर बने, इसलिए उन्होंने चैदह साल की उम्र में मैंचेस्टर के ओवेन्स कॉलेज में उसे भरती कर दिया। मगर दो साल बाद अचानक पिता की मृत्यु हो गई तो परिवार के हितैषियों ने टॉमसन के लिए एक छात्रवृत्ति की व्यवस्था कर दी। कुछ दिन पहले मैंचेस्टर के नागरिकों ने जोन डाल्टन की स्मृति में जो फंड एकत्र किया था, उसी से टॉमसन के लिए छात्रवृत्ति की व्यवस्था की गई थी।

सन् 1876 में, उन्नीस साल की आयु में, इंजीनियरी की पढ़ाई पूरी करने के बाद तरुण टॉमसन कैंब्रिज विश्वविद्यालय के ट्रिनिटी कॉलेज में भरती हुए। उन्हें छात्रवृत्ति भी मिली। वहां उन्होंने गणित व भौतिकी का अध्ययन किया और अपने प्रख्यात पूर्ववर्ती जेम्स क्लार्क मैक्सवेल की तरह 'मैथेमेटिकल ट्राइपोस' की परीक्षा में द्वितीय स्थान प्राप्त किया। मैक्सवेल की ही तरह टॉमसन ने भी अपनी गणितीय क्षमताओं को भौतिकी के अन्वेषण में जोत दिया। वे एक कुशल प्रयोगकर्ता नहीं थे, परंतु इस तथ्य को अच्छी तरह समझते थे कि गणितीय समीकरणों की प्रायोगिक पुष्टि हुए बिना सैद्धांतिक भौतिकी का कोई अर्थ नहीं है।

सन् 1881 में, पच्चीस साल की आयु में, टॉमसन ने एक शोध-निबंध लिखा

जिसके लिए उन्हें एडम्स पारितोषिक मिला। इस निबंध में उन्होंने द्रव्य व ऊर्जा का संबंध दर्शाया था, इसलिए यह एक प्रकार से आइंस्टाइन के सिद्धांत के लिए अग्रदूत की तरह था। टॉमसन के इस निबंध के बारे में विशेष बात यह थी अभी उस समय तक परमाणु-नाभिक, इलेक्ट्रॉन, प्रोटान, एक्स-रे और प्राकृतिक विकिरण की खोज नहीं हुई थी।

कैंब्रिज से उपाधि प्राप्त करने के बाद टॉमसन को ट्रिनिटी कॉलेज में फेलोशिप मिली और उन्होंने केवेंडिश प्रयोगशाला में अनुसंधान-कार्य आरंभ कर दिया। उस समय लॉर्ड रैले प्रयोगशाला के निदेशक थे। हम बता ही चुके हैं कि जब रैले ने अवकाश ग्रहण किया तो उनके स्थान पर 28 वर्षीय टॉमसन की केवेंडिश प्रयोगशाला के निदेशक पद पर नियुक्ति हुई। टॉमसन के साढ़े तीन दशकों के सुदीर्घ कार्यकाल के दौरान केवेंडिश प्रयोगशाला दुनिया के एक सर्वश्रेष्ठ वैज्ञानिक संस्थान के रूप में प्रतिष्ठित हो गई।

जे.जे. एक अत्युत्तम अध्यापक थे। उनके अनेक विद्यार्थी बाद में नामांकित वैज्ञानिक हुए। आरंभ में उनकी मान्यता थी कि महिलाएं सफल वैज्ञानिक नहीं बन सकतीं। पहली बार एक तरुणी उनके उच्च विषयक लेक्चरों में हाजिर रहने लगी, तो उन्होंने लिखा था : "मेरा एक भी शब्द उसकी समझ में नहीं आ रहा होगा। मेरा मत है कि वह यह समझकर मेरे लेक्चर सुनने आती है कि मैं धर्मशास्त्र के बारे में बता रहा हूं। परंतु अभी तक उसे अपनी गलती समझ में नहीं आई है!"

मगर जे.जे. को ही अपनी गलती समझ आने में ज्यादा देर नहीं लगी। रोज पॅजेट नामक एक तरुणी उच्च वैज्ञानिक विषयों के उनके लेक्चर सुनने आती थी। सन् 1890 में जे.जे. ने उसे ही अपनी जीवन-संगिनी बना लिया! सन् 1892 में उनको एक पुत्र हुआ—जॉर्ज पॅजेट टॉमसन। बाद में, न केवल पिता ने बल्कि पुत्र ने भी नोबेल पुरस्कार प्राप्त किया।

उन्नीसवीं सदी के अंतिम दशक में वैज्ञानिक जगत में कैथोड-किरणों (cathode-rays) की बड़ी चर्चा थी। कांच की नलिका से हवा निकाल लेने के बाद उसमें बिजली प्रवाहित की जाए तो ऋणात्मक (यानी कैथोड) सिरे से 'कोई' चीज निकलती है और नलिका की दीवार से टकराकर चमकने लग जाती है।

विलियम क्रुक्स (1832-1919 ई.) ने इस नलिका और इन 'किरणों' की खोज की थी। कोई नहीं जानता था कि ये किरणें वस्तुतः क्या हैं। केवल इतना ही पता चला था कि चुंबक के जरिए इन्हें मोड़ा जा सकता है।

इन रहस्यमय किरणों के बारे में उस समय दो परस्पर-विरोधी मत प्रचलित थे। ब्रिटिश वैज्ञानिकों का मत था कि ये कैथोड-किरणें वस्तुतः बहुत छोटे ऋणावेशी कण हैं, क्योंकि इन्हें चुंबक के जरिए मोड़ा जा सकता है। मगर अधिकांश जर्मन वैज्ञानिकों की मान्यता थी कि ये दरअसल विद्युत चुंबकीय किरणों की तरह की

किरणें हैं। हैनरिख हट्र्ज ने जाना था कि ये किरणें इतनी कम लंबाई की हैं कि स्वर्णपत्र को भी पार कर जाती हैं। यदि ये किरणें सचमुच कण हैं तो विद्युत बल और चुंबक बल, दोनों के ही प्रभाव से ये मुड़ जानी चाहिए। मगर हट्र्ज इन पर विद्युत बल के प्रभाव को खोजने में असमर्थ रहे।

अब जे.जे. टॉमसन कैथोड-किरणों की खोजबीन में जुट गए। उन्होंने हट्र्ज के प्रयोग को दोहराया, मगर देखा कि विद्युत बल के कैथोड-किरणें विचलित नहीं होतीं। हालांकि उन्होंने यह भी पहचाना था कि विद्युत प्रभाव के अंतर्गत उन किरणों में थोड़ी हलचल अवश्य हो जाती है। टॉमसन इन परिघटना के बारे में गहराई से सोचने लगे। अंततः उन्हें लगा कि नलिका में से अधिकतम गैस निकाल

देने से यानी उसे अधिक निर्वातमय बना देने से बात बन सकती है। उन्होंने ऐसा ही किया। तब विद्युत बल लगाने पर वे किरणें सचमुच ही मुड़ गईं। स्पष्ट हो गया कि कैथोड-किरणें वस्तुतः किरणें नहीं हैं, बल्कि ऋणावेशी कण हैं, विद्युत के कण हैं। इन्हें इलेक्ट्रॉन नाम दिया गया।

आगे टॉमसन इन ऋणावेशी कणों का द्रव्यमान जानने में जुट गए। पता चला कि इनका द्रव्य-भार हाइड्रोजन के परमाणु के भार से लगभग 2000 गुना कम है। साथ ही उन्होंने यह भी पता लगाया कि इस इलेक्ट्रॉन कण का वेग 1,60,000 मील प्रति सेकंड है (प्रकाश का वेग 1,86,000 मील अथवा 3,00,000 किलोमीटर प्रति सेकंड है)। सुस्पष्ट हुआ कि इलेक्ट्रॉन एक परमाणु-कण है, कि परमाणु (एटम) का विखंडन संभव है। जे.जे. टॉमसन ने 30 अप्रैल, 1897 को रॉयल इंस्टीट्यूट में दिये गए अपने भाषण में इस खोज की घोषणा कर दी। यह एक महान खोज थी यह परमाणु की अंतरंग संरचना को जानने की दिशा में उठाया गया पहला महत्त्वपूर्ण कदम था।

आज हम इलेक्ट्रॉन की करामातों से भली-भांति परिचित हैं। टॉमसन के खोज-कार्य को हम इलेक्ट्रॉनिकी के अद्‌भुत खिलौने—टेलीविजन सेट—में आज मूर्तिमंत देख सकते हैं। पिक्चर ट्यूब वस्तुतः कैथोड नलिका ही है जिसमें विद्युत-कणों को तेजी से मोड़कर चित्र का सृजन किया जाता है। विद्युत व चुंबकीय बलों से विस्थापन (मोड़) ठीक उसी तरह किया जाता है जिस तरह टॉमसन ने किया था।

इलेक्ट्रॉन की खोज के लिए सन् 1906 में जे.जे. टॉमसन को भौतिकी का नोबेल पुरस्कार प्रदान किया गया। उनके शिष्यों ने उनके कार्य को आगे बढ़ाया। उनके एक प्रतिभाशाली शिष्य चार्लेस टी.आर. विल्सन ने तीव्र गतिवाले इलेक्ट्रॉनों के पथों के चित्र उतारने के लिए एक विशिष्ट उपकरण तैयार किया। इसे मेघ कक्ष (cloud chamber) के नाम से जाना जाता है। इस उपकरण या मशीन की सहायता से आगे जाकर परमाणु के भीतर कई दर्जन सूक्ष्म कण खोजे गए।

इस प्रकार हम देखते हैं कि जे.जे. टॉमसन ने पहली बार परमाणु के भीतर मौजूद एक ऋणावेशी कण की खोज की, उसके भार का मापन किया, उसकी गति मापी और एक प्रकार से उसका चित्र भी प्राप्त किया। उस परमाणु-कण को इलेक्ट्रॉन का नाम दिया गया। इलेक्ट्रॉनिकी नामक समूचा विज्ञान टॉमसन द्वारा खोजे गए इसी परमाणु-कण पर आधारित है।

प्रथम महायुद्ध की समाप्ति के बाद सन् 1919 में जे.जे. टॉमसन ने केवेंडिश प्रयोगशाला से अवकाश ग्रहण किया। उसके बाद उन्हें कैंब्रिज विश्वविद्यालय के ट्रिनिटी कॉलेज का प्रमुख नियुक्त किया गया। केवेंडिश प्रयोगशाला की जिम्मेदारी उनके एक योग्य शिष्य अर्नेष्ट रदरफोर्ड (1871-1937 ई.) को सौंपी गई। रदरफोर्ड को रेडियो सक्रिय पदार्थों के अन्वेषण के लिए सन् 1908 का रसायन का

नोबेल पुरस्कार प्रदान किया गया। इतना ही नहीं, जे.जे. टॉमसन के पुत्र जॉर्ज पॅजेट टॉमसन (1892-1975 ई.) ने भी मणिभों द्वारा होनेवाले इलेक्ट्रॉनों के विवर्तन (Diffraction) के अन्वेषण के लिए सन् 1937 में भौतिकी का नोबेल पुरस्कार प्राप्त किया। पिता की उपस्थिति में ही पुत्र ने भी नोबेल पुरस्कार हासिल किया।

चौरासी साल की आयु में 1940 में जे.जे. टॉमसन का देहांत हुआ। उन्हें वेस्टमिंस्टर एब्बे के कब्रिस्तान में न्यूटन, केल्विन और डारविन जैसे दिग्गजों के साथ दफनाया गया। टॉमसन एक महान वैज्ञानिक ही नहीं, एक योग्य शिक्षक और महान इंसान भी थे। इलेक्ट्रॉन की खोज करके उन्होंने इलेक्ट्रॉनिकी के एक नए युग का सूत्रपात किया। इलेक्ट्रॉनिकी ने ऐसी अनेक मशीनों को जन्म दिया है जो न केवल मानव के श्रम को बल्कि उसके कौशल को भी संभालने में सक्षम हैं। भविष्य में इलेक्ट्रॉनिकी मानव समाज को और अधिक गहराई से प्रभावित करने जा रही है।

जेम्स क्लार्क मैक्सवेल

[सन् 1831-1879]

घटना सन् 1846 के अप्रैल महीने के एक दिन की है। एडिनबरा (स्कॉटलैंड, ब्रिटेन) की रॉयल सोसायटी में वैज्ञानिकों की मीटिंग का आयोजन था। उसमें एडिनबरा विश्वविद्यालय के प्रोफेसर जेम्स फॉरबेस, जो एक नामी गणितज्ञ थे, अंडाकार आकृतियों के निर्माण के बारे में एक शोध-निबंध प्रस्तुत कर रहे थे। निबंध को बहुत पसंद किया गया। मगर मजे की बात यह थी कि स्वयं प्रो. फॉरबेस उस निबंध के मूल लेखक नहीं थे। दरअसल, वह शोध-निबंध चैदह साल के एक विद्यार्थी ने तैयार किया था। परंतु एक विद्यार्थी मंच पर आकर वैज्ञानिकों के सामने अपना शोध-निबंध प्रस्तुत करे, इस बात की इजाजत नहीं थी!

चौदह साल के उस प्रतिभाशाली विद्यार्थी का नाम था—जेम्स क्लार्क मैक्सवेल। आगे जाकर मैक्सवेल ने अपने कुल 48 साल के जीवनकाल में इतना महत्त्वपूर्ण कार्य किया कि उन्हें विज्ञान के इतिहास में न्यूटन और आइंस्टाइन के बराबरी का भौतिकविद् माना जाता है। विद्युत-चुंबकीय तरंगों से संबंधित मैक्सवेल के सिद्धांत

के उपयोग से ही आगे जाकर रेडियो, टेलीविजन, रेडार आदि अनेक क्रांतिकारी साधनों को हासिल करना संभव हुआ।

जेम्स क्लार्क मैक्सवेल का जन्म एडिनबरा में 13 नवंबर, 1831 को हुआ था। उसी साल माइकेल फैराडे ने विद्युत-चुंबकीय प्रेरण (Electromagnete Induction) की अपनी प्रसिद्ध खोज की घोषणा की थी। मैक्सवेल के परिवार की स्कॉटलैंड में काफी ख्याति थी। पिता जोन क्लार्क मैक्सवेल वकीली के अपने पेशे पर कम और अपने एकलौते बेटे तथा गांव की अपनी जमींदारी पर ज्यादा ध्यान देते थे। बालक जेम्स की मशीनों में बड़ी दिलचस्पी थी; उनके बारे में वह पिता से तरह-तरह के सवाल पूछता, यांत्रिक खिलौने बनाने में मग्न रहता।

जेम्स अभी नौ साल का ही था कि कैंसर के रोग से उसकी मां का देहांत हो गया। बेटे के प्रति पिता का लगाव और अधिक बढ़ गया। दस साल की उम्र में जेम्स को एडिनबरा एकाडेमी (स्कूल) भेजा गया। मगर आरंभ में स्कूल की पढ़ाई में उसका मन नहीं रमा। छुट्टियों में उसके पिता उसे दूर-दूर तक घुमाने ले जाते, नई-नई चीजों से परिचय कराते। एक बार पिता-पुत्र ने एक जगह 'विद्युत-चुंबकीय मशीनों' का प्रदर्शन देखा। ग्यारह साल पहले माइकेल फैराडे ने खोज की थी कि चुंबकीय बल से किस तरह बिजली की धारा पैदा की जा सकती है। फैराडे के डायनेमो यानी विद्युत-चुंबकीय मशीन ने जेम्स को बहुत प्रभावित किया। वह उस मशीन और बिजली के बारे में अधिक से अधिक जानने के लिए उतावला हो उठा। उसी का यह परिणाम था कि बाद में वह फैराडे के अधिकतर शोध-कार्यों का गणितीय जामा पहनाने में सफल हुए।

जेम्स अभी बारह साल का ही था कि उसके पिता उसे एडिनबरा की विज्ञान व कला की रॉयल सोसायटी में आयोजित होनेवाले लेक्चरों को सुनने के लिए ले जाने लगे। सोसायटी में विज्ञान व गणित के क्षेत्र में होनेवाली नई-नई खोजों की चर्चा होती थी। उन चर्चाओं से प्रभावित होकर जेम्स ने गत्तों से तरह-तरह की ज्यामितीय आकृतियां बनानी शुरू कर दीं, हालांकि अभी उसने ज्यामिति पढ़ी भी नहीं थी। उसके इस काम से आभास मिलने लग गया था कि वह आगे जाकर गणित के क्षेत्र में अवश्य ही कोई बड़ा काम करेगा।

जेम्स के पिता उसे एडिनबरा की कला सोसायटी में भी ले जाने लगे। वहां डी.ए. हे नाम के एक कलाकार थे जो गणित की सहायता से नाना रंगों वाली आकृतियां बनाने में माहिर थे। हे महाशय धागों, आलपीनों और पेंसिलों की मदद से तरह-तरह के वक्र बनाते थे। जेम्स भी पिनों और धागे का उपयोग करके वक्र बनाने लगा—वृत्त, दीर्घवृत्त, अंडाकार आकृतियां आदि। जेम्स ने यह भी पहचाना कि धागे की लंबाई और पिनों से पेंसिल तक की दूरी में एक सुनिश्चित संबंध है।

उसके बाद जेम्स ने वक्रों के स्थान पर वक्रिल कांच, एक पिन के स्थान पर प्रकाश का स्रोत और धागे के स्थान पर प्रकाश-पुंज का उपयोग करके प्रयोग करने शुरू कर दिए। इन्हीं प्रयोगों से चौदह साल के जेम्स ने अंडाकार आकृतियों के निर्माण के लिए गणितीय सूत्र खोज निकाले थे। फ्रांस के महान दार्शनिक गणितज्ञ रेने दकार्त (1596-1650 ई.) ने इस तरह के सूत्र खोजे थे, परंतु उससे जेम्स क्लार्क मैक्सवेल की स्वतंत्र खोज का महत्त्व कम नहीं होता।

सन् 1847 में, सोलह साल की आयु में, मैक्सवेल एडिनबरा विश्वविद्यालय में भरती हुए। अब वह गणित के प्रतिभाशाली विद्यार्थी के रूप में जाने जाते थे। उन्हें प्रयोगशाला में अपनी मर्जी के प्रयोग करने की भी इजाजत मिल गई। वहां उन्होंने प्रकाश-अपवर्तन, ज्यामितीय वक्रों और विद्युत-धाराओं के सृजन से संबंधित प्रयोग किए।

अठारह साल की आयु में मैक्सवेल कैंब्रिज विश्वविद्यालय में अध्ययन करने गए। वहां वे एक प्रतिभाशाली विद्यार्थी माने गए। नींद के बारे में उनकी मान्यता बड़ी विचित्र थी। वे सायंकाल को 5 से 9.30 तक सोते थे, रात को 10 बजे से लेकर 2 बजे तक पढ़ाई करते, फिर आधे घंटे तक गलियारे में दौड़ते और सीढ़ियों से ऊपर-नीचे चढ़ते। यह उनका व्यायाम था। उसके बाद वे पुनः सो जाते और सुबह 7 बजे जागते। अन्य विद्यार्थियों ने कुछ दिन तक तो उनकी इस चर्या को सहन किया, किंतु बाद में उन पर जूते और दूसरी चीजें बरसने लगीं! मैक्सवेल ने नींद से संबंधित अपना अभिनव प्रयोग बंद कर दिया!

स्नातक परीक्षा में उच्चांक प्राप्त करने के बाद मैक्सवेल स्नातकोत्तर अध्ययन-अन्वेषण में जुट गए। उस दौरान उन्होंने रंग-संवेदन और प्रकाशिकी के क्षेत्र में महत्त्वपूर्ण शोध-कार्य किया। उन्होंने रंगों का मिश्रण करनेवाले एक लट्टू और आदमी की आंख में झांकनेवाले एक उपकरण (Ophthalmoscope) की खोज की। साथ ही, उन्होंने कई तरह के वर्णान्ध व्यक्तियों की जांच-पड़ताल की और प्रमाणित किया कि नीचे व पीले प्रकाश को मिलाया जाए, तो गुलाबी रंग प्राप्त होता है, न कि हरा रंग। उन्होंने यह भी सिद्ध किया कि दो रंगों को मिलाने की प्रक्रिया उन्हीं रंगोंवाली दो रोशनियों को मिलाने की प्रक्रिया से भिन्न है। रंगों के मिश्रण से संबंधित मैक्सवेल के नियमों का रंगीन फोटोग्राफी, टेलीविजन और रंगीन सिनेमा में उपयोग होता है। कैंब्रिज के उन्हीं दिनों में मैक्सवेल ने फैराडे के शोध-विवरण का अध्ययन किया और सन् 1855 में 'फैराडे की बल-रेखाओं' पर एक शोधपत्र प्रस्तुत किया। अपने शोध-कार्य को गणितीय ढांचे में देखकर फैराडे को बड़ी प्रसन्नता हुई। उन्होंने मैक्सवेल को इसके लिए बधाई का पत्र भेजा।

आगे के दो साल तक मैक्सवेल शनि ग्रह के वलयों के स्वरूप के अन्वेषण में जुटे रहे। अंत में उन्होंने शनि के वलयों के बारे में 68 पृष्ठों का एक शोध-

निबंध लिखा जिसमें दो सौ से भी ज्यादा समीकरण थे! उनके इस अध्ययन से गैसों के गतिज सिद्धांत के अध्ययन में वैज्ञानिकों की नए सिरे से रुचि पैदा हो गई। पहले के वैज्ञानिक मानते थे कि गैस का निर्माण जिन कणों से होता है, वे समान गति से दौड़ते हैं। परंतु मैक्सवेल ने इस मान्यता को गलत साबित किया। उन्होंने प्रतिपादित किया कि गैस के कण कम-ज्यादा वेग से गतिमान रहते हैं। मैक्सवेल के गैस-संबंधी नियम का उपयोग आज तापनाभिकीय अभिक्रिया में पैदा होनेवाली गैसों के अध्ययन में होता है।

मैक्सवेल के पिता का स्वास्थ्य गिरता जा रहा था। पिता के नजदीक रहने के लिए सन् 1856 में उन्होंने एबर्डीन के मारिशाल कॉलेज में भौतिकी के अध्यापक का पद स्वीकार कर लिया। मगर वहां अध्यापन-कार्य शुरू करने के कुछ दिन पहले ही उनके पिता का देहांत हो गया!

एबर्डीन में मैक्सवेल का विद्युत-संबंधी खोज-कार्य जारी रहा। उसी दौरान फरवरी, 1858 में मैक्सवेल ने अपनी मौसी को लिखा : "मैं जल्दी ही विवाह करने जा रहा हूं। मगर घबराओ नहीं, वह गणितवाली नहीं है। उसमें दूसरे अच्छे गुण हैं। वह मेरे गणित में बाधक नहीं बनेगी।" मैक्सवेल ने कैथरीन मेरी देवार नामक जिस तरुणी से विवाह किया, वह उसी कॉलेज के प्राचार्य की बेटी थी जिसमें वे पढ़ाते थे। उनकी कोई संतान नहीं हुई, मगर उनका दाम्पत्य जीवन सुखी रहा। कैथरीन ने कई प्रयोगों में मैक्सवेल को सहायता दी। उससे भी बड़ा काम कैथरीन ने यह किया कि मैक्सवेल को जब चेचक निकली, तो उसने उनकी खूब सेवा की और उन्हें पुनः स्वस्थ बनाया।

सन् 1860 में मैक्सवेल लंदन के किंग्स कॉलेज में विज्ञान के प्राध्यापक नियुक्त हुए। वहां उनके पांच साल बड़ी व्यस्तता के रहे। वहां कैथरीन की मदद से उन्होंने अपने मकान की दुछत्ती में गैसों के बारे में बहुत सारे प्रयोग किए। बाद में सन् 1876 में गैसों के बारे में 'द्रव्य और गति' शीर्षक से उनका एक ग्रंथ प्रकाशित हुआ।

मैक्सवेल को पहले बिजली के बारे में कई तथ्य मालूम हो गए थे। कोलम, ऑयर्स्टड, ऐम्पियर तथा फैराडे ने विद्युत और चुंबक के पारस्परिक संबंध के बारे में काफी जानकारी हासिल की थी। उन्होंने जाना था कि गुरुत्वाकर्षण के नियमों की तरह विद्युत-आवेश भी एक-दूसरे को आकर्षित और विकर्षित करते हैं। यह भी मालूम हो गया था कि विद्युत-धारा से चुंबकीय क्षेत्र पैदा होता है और गतिमान चुंबक विद्युत-धारा को जन्म देता है। फैराडे ने यह भी प्रमाणित किया था कि एक परिपथ में मौजूद विद्युत-धारा दूसरे परिपथ में भी विद्युत-धारा उत्पन्न करती है।

मैक्सवेल इन परिघटनाओं की व्याख्या करने में जुट गए। कुछ वैज्ञानिकों ने सोचा था कि विद्युत और चुंबकत्व का संबंध गुरुत्वाकर्षण की तरह है, यानी

'अंतराल में प्रभाव' जैसा है। फैराडे ने चुंबक के इर्द-गिर्द की जगह को 'बल-रेखाएं' अथवा 'बल की नलिकाएं' शब्दों से व्यक्त किया था। मैक्सवेल ने चुंबकीय क्षेत्र के बारे में एक नए मॉडल की कल्पना की। उस मॉडल में उन्होंने चार बुनियादी निष्कर्ष निकाले :

1. चुंबकीय बल-रेखा एक बंद परिपथ बनाती है।
2. विद्युत बल-रेखा भी एक बंद परिपथ होती है।
3. बदलता चुंबकीय क्षेत्र विद्युत-क्षेत्र का निर्माण करता है।
4. बदलता विद्युत-क्षेत्र चुंबकीय क्षेत्र का निर्माण करता है।

फैराडे ने सिद्ध किया था कि बदलता चुंबकीय क्षेत्र चालक (कंडक्टर) में विद्युत-धारा पैदा करता है, परंतु मैक्सवेल ने प्रतिपादित किया कि बदलता चुंबकीय क्षेत्र दिक् (अंतरिक्ष) में विद्युत-प्रभाव पैदा करेगा। आगे बढ़कर मैक्सवेल के समीकरणों ने यह भी प्रदर्शित किया कि विद्युत और चुंबक के प्रभावों को प्रवाहित होने के लिए समय लगता है। उन्होंने प्रतिपादित किया कि ये प्रभाव प्रकाश के वेग (प्रति सेकंड 3,00,000 किलोमीटर) से गतिमान होंगे।

आगे बढ़कर मैक्सवेल ने अन्य प्रकार के विद्युत-चुंबकीय विकिरण के अस्तित्व का भी विचार प्रस्तुत किया। इस विकिरण को ताप की तरह हम अनुभव नहीं कर सकते और न प्रकाश की तरह आंखों से देख सकते हैं, पर यह दिक् में गमन करता है। इस भविष्यवाणी को मैक्सवेल अपने जीवनकाल में प्रमाणित हुई नहीं देख पाए। परंतु उनकी मृत्यु के दस साल बाद ही हेनरिक हर्ट्ज (1857-1894) ने संसार का पहला रेडियो ट्रांसमीटर और पहला रिसीवर बनाकर रेडियो-तरंगों के अस्तित्व को प्रमाणित कर दिया। मैक्सवेल की मृत्यु के करीब सत्तर साल बाद रेडार व माइक्रोवेव की खोज हुई। मैक्सवेल ने बताया था कि सभी प्रकार की विद्युत-चुंबकीय तरंगें—प्रकाश, ताप, रेडियो, एक्स-रे अथवा गामा-रे—समान नियमों का पालन करती हैं।

मैक्सवेल को अध्यापक का काम पसंद था, परंतु 33 साल की आयु में उन्होंने अवकाश लेकर अपनी जमींदारी में जाना पसंद किया। एक तरह से यह अच्छा ही हुआ। वहां रहकर मैक्सवेल ने ऊष्मा, गणित, रंगदृष्टि और भौतिकी के बारे में पुस्तकें लिखीं। विद्युत-चुंबकीय सिद्धांत के विकास का कार्य भी उन्होंने जारी रखा।

छह साल बाद, सन् 1871 में, मैक्सवेल को पुनः कैंब्रिज लौटना पड़ा। ऊष्मा, विद्युत और चुंबकत्व विषय पढ़ाने के लिए कैंब्रिज विश्वविद्यालय में नया पद बनाया गया था और मैक्सवेल से उसे स्वीकार करने का आग्रह किया गया था। साथ ही हेनरी केवेंडिश (1731-1810) के शोध-निबंधों को संपादित करने का काम भी उन्हें सौंपा गया। प्रख्यात केवेंडिश प्रयोगशाला की इमारत

भी उन्हीं की देखरेख में बनी। मैक्सवेल ने निजी कार्य को स्थगित रखकर ये सारे काम किए। उनके पांच साल के परिश्रम के बाद सन् 1879 में केवेंडिश के शोध-निबंध पुस्तकाकार प्रकाशित हुए।

मैक्सवेल के जीवन के अंतिम दो साल बीमार पत्नी की सेवा-शूश्रुषा करने में गुजरे, हालांकि वे स्वयं गंभीर रूप से बीमार थे। उन्हें कैंसर हो गया था, परंतु कुछ समय तक उन्होंने किसी को भी इसके बारे में नहीं बताया—न डॉक्टरों को, न ही मित्रों को! अंत में 48 साल की आयु में, 5 नवंबर, 1879 को जेम्स क्लार्क मैक्सवेल का देहांत हुआ।

मैक्सवेल ने रेडियो, टेलीविजन और रेडार की खोज के लिए मार्ग प्रशस्त कर दिया था। उनकी इस सैद्धांतिक भविष्यवाणी की सहज ही आइंस्टाइन के सूत्र $E = Mc^2$ (जिसमें द्रव्य और इसमें निहित ऊर्जा के संबंध को व्यक्त किया गया है) से तुलना की जा सकती है। मगर आइंस्टाइन की तरह मैक्सवेल अपनी भविष्यवाणी को सच होते स्वयं नहीं देख पाए।

मैक्सवेल के समीकरणों से रेडियो, एक्स-रे तथा गामा-किरणों का उद्घाटन हुआ। उनके समीकरण आज भी महत्त्व के हैं और भविष्य में भी अपना महत्त्व बनाए रखेंगे, नई-नई खोजों में योगदान देते रहेंगे।

रोनाल्ड रॉस

[सन् 1857-1932]

ताजा समाचार है : 'पश्चिम बंगाल में मलेरिया का प्रकोप लौट आया है। सरकारी सूचना के अनुसार, राज्य में इस साल सितंबर, 1997 तक लगभग 30,000 व्यक्ति मलेरिया से प्रभावित हुए और 20 लोगों की मृत्यु हुई। प्रभावित हुए लोगों में से 15,719 रोनाल्ड रॉस के शहर कलकत्ता से हैं; यहां मलेरिया से 14 लोग मरे। कलकत्ता नगरपालिका द्वारा प्रस्तुत आंकड़ों के अनुसार, मलेरिया के जानलेवा जीवाणु 'प्लास्मोडियम फैल्सीपेरम' से शहर में 1884 व्यक्ति प्रभावित हुए हैं।'

मलेरिया के प्रकोप में तेजी से वृद्धि होते जाने के समाचार देश के सारे हिस्सों से सुनने को मिल रहे हैं। मलेरिया चिंता व भय का विषय बन गया है, विशेष कर शहरों में। मगर कलकत्ता में मलेरिया का बढ़ता प्रकोप इसलिए अधिक चिंतनीय है कि आज से ठीक सौ साल पहले इसी नगर में रोनाल्ड रॉस ने पहली बार प्रमाणित किया था कि मलेरिया रोग 'ऐनोफेलीज' नामक

मच्छरों के काटने से होता है। इस खोज के बाद रॉस ने बड़े आत्मविश्वास के साथ कहा था कि अब बहुत जल्दी सारी दुनिया से मलेरिया का उन्मूलन हो जाएगा।

रॉस का सपना पूरा नहीं हुआ। अब तो हाल यह है कि मलेरिया के परजीवी ने औषधरोधी क्षमता अर्जित कर ली है और मच्छरों पर भी डी.डी.टी. का पहले जैसा असर नहीं होता। अतः मलेरिया एक भयावह प्रकोप का रूप लेता जा रहा हो, तो इसमें आश्चर्य की कोई बात नहीं है।

मनुष्य को होनेवाली एक सबसे पुरानी बीमारी है मलेरिया। अथर्ववेद में एक, दो या तीन दिन के अंतराल से आनेवाले मलेरिया-जैसे ज्वर का उल्लेख है। आयुर्वेद के चरक-संहिता जैसे प्राचीन ग्रंथों में भी विविध प्रकार के ज्वरों का वर्णन है।

मलेरिया जैसे ज्वर के उल्लेख प्राचीन चीन और मिस्र की पुस्तकों में भी देखने को मिलते हैं। प्राचीन रोम की जनता मलेरिया से बहुत ज्यादा त्रस्त थी। ईसा पूर्व प्रथम सदी के कुछ रोमन लेखकों ने इस ज्वर का उल्लेख किया है और इसका संबंध दलदल वाले क्षेत्रों से जोड़ा है। ईसा पूर्व पांचवीं सदी के यूनानी इतिहासकार हिरोदोतस् ने लिखा है कि शक लोगों में इस ज्वर का प्रसार बहुत ज्यादा है।

मगर इस पुरातन व्याधि को दिया गया यह 'मलेरिया' नाम भ्रामक है। यूरोप में पुराने जमाने से धारणा प्रचलित रही कि यह बीमारी दूषित हवा से होती है, इसलिए इसे मलेरिया (मल = दूषित, एरिया = हवा) कहा गया। मगर बात ऐसी नहीं है। अभी करीब सवा सौ साल पहले तक कोई नहीं जानता था कि मलेरिया वस्तुतः क्यों और कैसे होता है। फ्रांसीसी सेना-सर्जन लाव्हेरां (1845-1922 ई.) ने रोगियों के रक्तगोलकों में मलेरिया के परजीवी (प्लाज्मोडियम) की खोज पहली बार 1880 ई. में की। और, मलेरिया के रोगवाहक मच्छर (ऐनोफेलीज) की खोज 1897-98 ई. में रोनाल्ड रॉस ने की। हमारे लिए विशेष महत्त्व की बात यह है कि रोनाल्ड रॉस भारत में पैदा हुए थे और मलेरिया के मच्छर की खोज भी भारत में ही हुई। बड़ी ही दिलचस्प है सौ साल पहले हुई इस महान खोज की दास्तान। मगर पहले रॉस के जीवन का थोड़ा परिचय प्राप्त करना उपयोगी होगा।

रोनाल्ड रॉस का जन्म अल्मोड़ा में 13 मई, 1857 को हुआ था—अंग्रेजों के खिलाफ भारत के प्रथम स्वातंत्र्य संग्राम की शुरुआत होने के तीन दिन बाद! रोनाल्ड के पिता सर कैम्पबेल क्लाये ग्रांट रॉस अंग्रेजों की भारतीय सेना में जनरल थे। उन्हें चित्रकारी का भी शौक था। रोनाल्ड की मां भी एक सुसंस्कृत परिवार की महिला थीं। उन्हें दस बच्चे हुए और अधिकतर भारत में ही पैदा हुए। रोनाल्ड उनका पहला बच्चा था।

रोनाल्ड अभी करीब नौ साल का ही था कि उसे पढ़ाई के लिए इंग्लैंड भेज दिया गया। रोनाल्ड को चित्र बनाना और कविताएं लिखना अच्छा लगता था; प्राणिशास्त्र और गणित भी उसके प्रिय विषय थे। रोनाल्ड कलाकार बनना चाहता

रोनाल्ड रॉस

था, परंतु उसके पिता चाहते थे कि वह इंडियन मेडिकल सर्विस में आए। पिता की इच्छा को शिरोधार्य मानकर सत्रह साल के रोनाल्ड लंदन के बार्थलोमेव अस्पताल के मेडिकल स्कूल में भरती हुए और वहां छह वर्ष तक चिकित्साशास्त्र का अध्ययन किया। साथ ही, संगीत और साहित्य-रचना का अपना शौक भी जारी रखा।

इंडियन मेडिकल सर्विस की प्रवेश-परीक्षा में बैठने के लिए शल्य-चिकित्सा और भैषज्य में पारंगत होना आवश्यक था। रोनाल्ड सर्जनों के रॉयल कॉलेज की सदस्य-परीक्षा में बैठे और पास हो गए। फिर वे एपोथिकेरीज सोसायटी की परीक्षा में बैठे, परंतु फेल हो गए। फलतः वह इंडियन मेडिकल सर्विस की प्रवेश परीक्षा

में नहीं बैठ पाए। पिता को बड़ा सदमा पहुंचा; वे बहुत नाराज हुए।

रोनाल्ड ने भी अपने को अपराधी समझा। उन्होंने लंदन और न्यूयॉर्क के बीच यात्रियों को ढोनेवाले एक जहाज पर सर्जन की नौकरी स्वीकार कर ली। इस नौकरी के दौरान उनके चिकित्सा-ज्ञान में तो वृद्धि हुई ही, उन्हें मानव की भावनाओं और कमजोरियों को भी नजदीक से जानने का अवसर मिला। उसी दौरान उन्होंने एक नाटक, एक उपन्यास और कुछ कविताएं भी लिखीं।

रोनाल्ड सन् 1881 में पुन: एपोथिकेरीज परीक्षा में बैठे और उत्तीर्ण हुए। फिर वे इंडियन मेडिकल सर्विस की परीक्षा में भी सफल रहे और उसी साल जाड़े में जहाज से भारत के लिए रवाना हुए। उनकी पहली नियुक्ति मद्रास के एक सैनिक अस्पताल में हुई। यहां की आब-हवा उनके लिए बड़ी अनुकूल रहीं। सेवाकार्य के अलावा उन्हें पर्याप्त समय मिलता था। रॉस ने दो काव्य-नाटक लिखे और मद्रास में 1883 ई. में अपने खर्च से ही उन्हें प्रकाशित किया। साथ ही, उन्होंने उच्च गणित का अध्ययन भी जारी रखा और इस क्षेत्र में काफी प्रगति की। यह गणित-ज्ञान मलेरिया-संबंधी उनके अन्वेषण में बड़ा उपयोगी साबित हुआ।

सन् 1884 में रॉस की नियुक्ति बेंगलूर की सैनिक छावनी में हुई। यहां का मौसम उन्हें बहुत पसंद आया, मगर मच्छरों के काटने से वे बेहद परेशान हुए। तब उन्होंने पहचाना कि उनके बंगले की खिड़की के बाहर रखे हुए पानी के टब में मच्छर पैदा हो रहे हैं। उन्होंने टब को उल्टा दिया, तो देखा कि मच्छर लगभग गायब हो गए हैं। इस प्रयोग के बाद मच्छरों के अध्ययन में रॉस की दिलचस्पी बढ़ती गई। साथ ही, उनका कविता व उपन्यास-लेखन का कार्य भी जारी रहा।

स्वास्थ्य बिगड़ा, तो सन् 1888 में रॉस छुट्टी लेकर इंग्लैंड लौटे। तबीयत सुधरने पर उन्होंने चिकित्सा-विज्ञान का व्यापक अध्ययन शुरू कर दिया। स्वास्थ्य-विज्ञान और जीवाणु-विज्ञान के पाठ्यक्रम पूरे किए और जन-स्वास्थ्य की नई शुरू की गई डिप्लोमा परीक्षा भी पास की। सन् 1889 में, बत्तीस साल की आयु में, कु. रोजा ब्लोक्सम के साथ रॉस का विवाह हुआ।

पत्नी को साथ लेकर रॉस सन् 1890 में बेंगलूर लौटे। यहीं पर उनकी दो पुत्रियों का जन्म हुआ। सन् 1892 में उन्हें अपने पिता के देहांत का समाचार मिला। रॉस का साहित्य-लेखन का सिलसिला जारी रहा। उनकी मलेरिया-संबंधी खोजबीन भी जारी रही। मगर अब तक न तो चिकित्सा के क्षेत्र में, न ही साहित्य के क्षेत्र में वे कोई महत्त्वपूर्ण चीज हासिल कर पाए थे, इसलिए बड़े हताश थे। उसी मनोदशा में, छुट्टी का अवसर मिलने पर, सन् 1894 के ग्रीष्म में वे इंग्लैंड लौटे। रॉस अब 37 साल के थे।

मगर मलेरिया के अन्वेषण में रॉस की दिलचस्पी बरकरार थी। इस बार लंदन लौटने पर पैट्रिक मेंसन (1844-1922 ई.) से रॉस की मुलाकात हुई। मेंसन ने फार्मोसा

व हांगकांग में दो दशकों से भी अधिक समय तक एक सफल चिकित्सक के रूप में कार्य किया था। उन्होंने प्रमाणित किया था कि हाथीपांव रोग एक छोटे से परजीवी के कारण होता है और यह परजीवी मच्छर के माध्यम से मानव शरीर में पहुंचता है। मेंसन इंग्लैंड में उष्णकटिबंधीय रोगों के एक विशेषज्ञ के रूप में जाने जाते थे।

उदारमना मेंसन से रॉस को भरपूर सौहार्द और सहयोग मिला। मेंसन ने रॉस को रोगी के रक्त में मौजूद मलेरिया के वे परजीवी भी दिखाए जिनकी खोज लाव्हेरां ने की थी। नवंबर, 1894 के एक दिन मेंसन और रॉस लंदन की एक सड़क पर साथ-साथ चल रहे थे। मेंसन बोले : "जानते हो, मेरा पक्का मत बना है कि मच्छर ही मलेरिया परजीवी के वाहक हैं। रोगी का रक्त चूसने के बाद ही मच्छर के भीतर मलेरिया के परजीवी के विकास-क्रम का एक नया दौर शुरू होता है। जानना जरूरी है कि रक्त चूसने के बाद ही ऐसा क्यों होता है।"

मेंसन के विचारों से रॉस बहुत प्रभावित हुए। उन्होंने अपना जीवन मलेरिया के अन्वेषण के लिए अर्पित कर देने का फैसला किया और मार्च, 1895 में भारत के लिए रवाना हुए। यहां रॉस ने तरह-तरह के मच्छरों के लार्वा बोतलों में पाले और उनसे वयस्क मच्छर पैदा हुए। इन मच्छरों से उन्होंने मलेरिया के मरीजों का रक्तपान करवाया। जब उन्होंने इन मच्छरों के उदर की जांच की, तो उनमें धूसर रंग के अनेक गोल पिंड देखे, कुछ तंतु भी दिखाई दिए। सन् 1896 में रॉस ने स्पष्ट अनुभव किया कि मलेरिया परजीवी मच्छरों में प्रवेश करके अपने जीवन की एक विशेष अवस्था को पूरा करता है। मेंसन और लाव्हेरां की मान्यता थी कि मच्छर मलेरिया के परजीवियों को पानी में छोड़ देते हैं और पानी के साथ ये मानव शरीर में प्रवेश कर जाते हैं। मगर रॉस अब महसूस कर रहे थे कि ये परजीवी मच्छरों के काटने से ही मानव शरीर में पहुंचते हैं।

जून, 1897 में रॉस सिकंदराबाद (हैदराबाद) में थे। उन्होंने मलेरिया के कुछ रोगियों के रक्त की जांच की और पाया कि उनमें इस रोग के परजीवी मौजूद हैं। फिर उन परजीवियों की खोज उन्होंने मच्छरों में शुरू कर दी। मच्छरों को मलेरिया के मरीजों का रक्तपान करवा कर उन्हें पालना एक काफी कठिन काम था। बात 16 अगस्त, 1897 की है। रॉस के एक भारतीय सहयोगी ने उन्हें बोतल में बंद करीब तीस धूसर मच्छर लाकर दिए। इन मच्छरों को मलेरिया के रोगी का रक्तपान कराने के बाद कांच की नलिकाओं में रखा गया। इसके पश्चात् रॉस ने इनकी जांच शुरू कर दी। उन्हें इनके भीतर कोई परजीवी नजर नहीं आया। कई मच्छर मर भी गए; 20 अगस्त की सुबह सिर्फ तीन मच्छर बचे थे। रॉस उस दिन सुबह 7 बजे अस्पताल गए, मरीजों को देखा और उसके बाद उन शेष मच्छरों की जांच शुरू कर दी। पहले मच्छर को काटा, तो उसमें उन्हें कुछ नहीं मिला। दोपहर के एक बज चुके थे। रॉस को गरमी के कारण पसीना छूट रहा था। उनकी

आंखें थक चुकी थीं; उनके सूक्ष्मदर्शी का आइपीस भी चटक गया था। उन्होंने दूसरे मच्छर को चीरकर उसकी जांच शुरू कर दी। मच्छर के एक-एक ऊतक की उन्होंने बड़े धैर्यपूर्वक जांच की। अंत में उन्होंने मच्छर के पेट के ऊतक की जांच की तो उसमें उन्हें काले दानेदार गुच्छे मिले, जो 'प्लाज्मोडियम' परजीवी थे।

रॉस ने बड़ी सावधानी से नोट्स व चित्र तैयार किए। बेहद थक गए थे। चाय पीने घर आए और एक घंटे सो गए। जागने पर उन्हें विचार आया कि दूसरे मच्छर के पेट में देखे गए गुच्छे यदि 'प्लाज्मोडियम' की एक विशिष्ट अवस्था थी, तो कल तक शेष बचे मच्छर के पेट में उसका और विकास हुआ देखने को मिलना चाहिए।

दूसरे दिन 21 अगस्त को रॉस अस्पताल पहुंचे और उन्होंने आखिरी मच्छर की जांच शुरू कर दी। उनके आनंद व आश्चर्य का ठिकाना नहीं रहा जब उन्होंने उस मच्छर में परजीवी की विकसित अवस्था को देखा।

यह एक महत्त्वपूर्ण खोज थी। रॉस ने मेंसन को इसकी सूचना दी और एक शोध-निबंध भी लिखा। मगर अभी यह प्रमाणित नहीं हुआ था कि मच्छरों के दंश से ही मलेरिया के परजीवी मनुष्य के शरीर में पहुंचते हैं। खोजबीन को आगे जारी रखना जरूरी था।

मेंसन के प्रयास से जनवरी, 1898 में रॉस का कलकत्ता में तबादला हुआ। वहां की एक छोटी प्रयोगशाला में मलेरिया व काला-आजार पर छह माह तक शोध-कार्य करने की उन्हें सहूलियत दी गई। यहां उन्हें मोहम्मद बक्श नाम का एक अच्छा सहायक मिला। कलकत्ता की मोरियों से अनेक किस्म के मच्छर एकत्र किए गए, किंतु उनसे इच्छित परिणाम प्राप्त करना संभव नहीं हुआ। तब एक दिन रॉस को विचार सूझा कि मनुष्य की तरह पक्षियों को भी मलेरिया होता है, इसलिए उन पर परीक्षण किए जा सकते हैं। उनके सहायक गौरैया, चंडूल, कौआ, कबूतर आदि कई तरह के बहुत-से पक्षियों को पकड़कर लाए, मगर अंत में गौरैया पर ही परीक्षण करना तय हुआ।

उन्होंने गौरैया के तीन समूह बनाए—एकदम स्वस्थ गौरैया-समूह, मलेरिया से अंशतः ग्रसित गौरैया-समूह और मलेरिया से पूर्णतः ग्रसित गौरैया-समूह। इन्हें अलग-अलग पिंजरों में रखा गया। फिर इन्हें अलग से पाले-पोसे गए ऐसे धूसर मच्छरों से कटवाया गया जो मलेरिया के परजीवी से मुक्त थे।

रॉस ने देखा कि अंशतः प्रभावित पक्षियों के रक्त में केवल कुछ ही परजीवी मौजूद हैं, परंतु पूर्णतः प्रभावित पक्षियों से चूसे गए रक्त में इनकी संख्या बहुत ज्यादा है। जाहिर है कि स्वस्थ पक्षियों से चूसे गए रक्त में कोई परजीवी नहीं मिला। रॉस ने यह भी देखा कि मादा मच्छर के पेट में ये परजीवी विकसित और बहुगुणित होते जाते हैं। ये मच्छर के पेट की ऊतक-दीवार के पास पहुंचकर

सातवें दिन फूट पड़ते हैं। फिर तकली के आकार के ये परजीवी बड़ी तादाद में मच्छर के डंक के पास पहुंचते हैं। ऐसे मच्छरों के काटने पर ये परजीवी मनुष्य या पक्षियों के शरीर में पहुंच जाते हैं। रॉस ने इन परीक्षणों को कई बार दोहराया और अंत में अप्रैल, 1898 में इस दृढ़ निष्कर्ष पर पहुंचे कि मच्छरों के काटने से ही मलेरिया के परजीवी पक्षियों के शरीर में पहुंचते हैं।

रॉस ने अपनी खोज का विवरण मेंसन को भेज दिया। मेंसन ने इस विवरण को प्रकाशित किया और इसकी सूचना लाव्हेरां को भी दी। मेंसन ने रॉस के परिणामों को जुलाई, 1898 में ब्रिटिश मेडिकल एसोसिएशन के सन्मुख भी प्रस्तुत कर दिया।

उसी दौरान इटली के जीव-वैज्ञानिक जिओवान्नी बातिस्ता ग्रास्सी (1854-1925 ई.) भी मलेरिया के अन्वेषण में जुटे हुए थे। वे एक कुशल प्रयोगकर्ता थे। ग्रास्सी ने ही अंततः स्वतंत्र रूप से यह प्रमाणित किया कि केवल 'ऐनोफेलीज' नामक मच्छर के काटने से ही मलेरिया के परजीवी मनुष्य के शरीर में प्रवेश करते हैं।

मलेरिया-वाहक मच्छर की खोज का श्रेय किसको मिले, इस बात को लेकर रॉस और ग्रास्सी में काफी वाद-विवाद चला। वस्तुतः दोनों ही इस श्रेय के हकदार थे। पर रॉस का पलड़ा भारी पड़ा और उन्हें सन् 1902 में चिकित्सा-विज्ञान का नोबेल पुरस्कार प्रदान किया गया। एक साल पहले ही नोबेल पुरस्कार की स्थापना हुई थी।

सन् 1899 में रॉस इंग्लैंड वापस लौट गए। वहां लिवरपुर विश्वविद्यालय में नए स्थापित उष्णकटिबंधीय चिकित्सा अध्ययन-केंद्र में प्रवक्ता के रूप में उनकी नियुक्ति हुई। सन् 1912 में इस पद से उन्होंने अवकाश ग्रहण किया।

रॉस की आर्थिक स्थिति अच्छी नहीं थी। सन् 1926 में उनके प्रशंसकों ने धन एकत्र करके रॉस इंस्टीट्यूट की स्थापना की और उन्हें उसका निदेशक बनाया। मगर कुछ ही समय बाद वे पक्षाघात के शिकार हुए। उनका बड़ा बेटा और एक बेटी पहले ही गुजर चुके थे। सन् 1931 में पत्नी भी चल बसी। उसके बाद वे गंभीर रूप से बीमार पड़े। पचहत्तर साल की आयु में 16 सितंबर, 1932 को रोनाल्ड रॉस का देहांत हुआ।

रॉस ने मलेरिया जैसे जानलेवा संक्रमण के परजीवियों के वाहक मच्छरों से मानवता को परिचित कराया। उनके बाद ही मलेरिया पर विश्वव्यापी शोध-कार्य आरंभ हुआ, जो आज भी जारी है। मलेरिया का परजीवी अब औषधिरोधी बन गया है। नई औषधियों और टीकों की खोज भी जारी है। वैज्ञानिकों ने इस परजीवी के गुणसूत्र में उस जीन को भी पहचाना है, जो औषधि-विरोध के लिए जिम्मेदार है। मगर मलेरिया के लिए एक कारगर टीके का विकास वैज्ञानिकों के सामने आज भी एक चुनौती है। ऐसी स्थिति में मलेरिया-नियंत्रण के लिए रोनाल्ड रॉस द्वारा दिया गया मच्छर-नियंत्रण का सुझाव ही कारगर जान पड़ता है।